1. 首部控制枢纽 4. 砂石过滤器

2. 离心式过滤器 5. 叠片过滤器

3. 网式过滤器   6. 全自动反冲洗砂石过滤器

1. 迷宫式滴灌带
2. 内镶式滴灌带
3. 水肥一体化立体种植模式
4. 水肥一体化旋转式种植模式
5. 番茄微喷灌
6. 辣椒滴灌

1. 黄瓜营养生长期　　4. 水果黄瓜基质栽培

2. 黄瓜吊落蔓　　　　5. 厚皮甜瓜吊蔓栽培

3. 黄瓜采收期　　　　6. 西瓜吊蔓栽培

1. 西葫芦结果期
2. 番茄定植期
3. 番茄整枝打杈
4. 番茄采收期
5. 樱桃番茄采收期
6. 番茄基质栽培

设施蔬菜
水肥一体化栽培技术

SHESHI SHUCAI SHUIFEI YITIHUA ZAIPEI JISHU

隋好林　王淑芬　主编

中国科学技术出版社
·北京·

图书在版编目（CIP）数据

设施蔬菜水肥一体化栽培技术 / 隋好林，王淑芬主编 . —北京：中国科学技术出版社，2018.10

ISBN 978-7-5046-8115-7

I. ①设… II. ①隋… ②王… III. ①蔬菜园艺－设施农业－肥水管理 IV. ① S626

中国版本图书馆 CIP 数据核字（2018）第 180958 号

策划编辑	张海莲	乌日娜
责任编辑	张海莲	乌日娜
装帧设计	中文天地	
责任校对	焦 宁	
责任印制	徐 飞	

出 版	中国科学技术出版社
发 行	中国科学技术出版社发行部
地 址	北京市海淀区中关村南大街16号
邮 编	100081
发行电话	010-62173865
传 真	010-62173081
网 址	http://www.cspbooks.com.cn

开 本	889mm×1194mm 1/32
字 数	205千字
印 张	7.875
彩 页	4
版 次	2018年10月第1版
印 次	2018年10月第1次印刷
印 刷	北京长宁印刷有限公司
书 号	ISBN 978-7-5046-8115-7 / S·736
定 价	32.00元

本书编委会

主　编

隋好林　王淑芬

编著者

隋好林　王淑芬　贺向辉

王传选　高俊杰　付娟娟

Contents 目录

第一章
水肥一体化技术概述

一、水肥一体化技术简介

（一）水肥一体化概念

水肥一体化是将灌溉与施肥融为一体、实现水肥同步控制的农业新技术，又称为"水肥耦合""随水施肥""灌溉施肥"等。狭义地说，就是把肥料溶解在灌溉水中，由灌溉管道带到田间每一株作物；广义地说，就是水肥同时供应作物需要。水肥一体化是借助压力系统（或地形自然落差），根据不同土壤环境和养分含量状况、不同作物需肥特点和不同生长期需水、需肥规律进行不同的需求设计，将可溶性固体或液体肥料与灌溉水一起，通过可控管道系统供水、供肥。水肥相融后，通过管道和滴头形成滴灌，均匀、定时、定量地浸润作物根系生长发育区域，使主要根系生长的土壤始终保持疏松和适宜的水肥量。

（二）水肥一体化技术特点

水肥一体化技术有以下特点：一是灌溉用水效率高。滴灌将水一滴一滴地滴进土壤，灌水时地面不出现径流，从浇地转向浇作物，减少了水分在作物棵间的蒸发。同时，通过控制灌水量，土壤水深层渗漏很少，减少了无效的田间水量损失。另外，滴灌输水系统从水源引水开始，灌溉水就进入一个全程封闭的输水系统，经多级管道传输，将水送到作物根系附近，用水效率高，从而节省灌水量。二是提高肥料利用率。水肥被直接输送到作物根系最发达部位，可充分保证养分被作物根系快速吸收。对滴灌而言，由于湿润范围仅限于根系集中区域，肥料利用率高，从而节省肥料。三是节省劳动力。传统灌溉施肥方法是每次施肥要挖穴或开浅沟，施肥后再灌水。应用水肥一体化技术，可实现水肥同步管理，以节省大量劳动力。四是可方便、灵活、准确地控制施肥数量。根据作物需肥规律进行针对性施肥，做到缺什么补什么，缺多少补多少，实现精确施肥。五是有利于保护环境。水肥一体化技术通过控制灌溉深度，可避免将化肥淋洗至深层土壤，从而避免造成土壤和地下水污染。六是有利于应用微量元素。微量元素通常应用螯合态，价格较贵，通过滴灌系统可以做到精确供应，提高肥料利用率。七是水肥一体化技术有局限性，由于该项技术是设施施肥，前期一次性投资较大，同时对肥料的溶解度要求较高，所以大面积快速推广有一定的难度。

二、水肥一体化设备

水肥一体化设备主要由滴灌系统和施肥器组成。

（一）滴灌系统

1. 滴灌的概念　滴灌是按照作物需水要求，通过低压管道系统与安装在毛管上的灌水器，将水和养分一滴一滴均匀而又缓慢地滴入作物根区土壤中的灌溉方法。滴灌不破坏土壤结构，土壤内部水、肥、气、热经常保持适宜于作物生长的良好状况，水分蒸发损失小，不产生地面径流，几乎没有深层渗漏，是一种省水灌溉方式，水利用率可达95%。滴灌的主要特点是灌水量小，灌水器每小时流量为2～12升。因此，一次灌水延续时间较长，灌水周期较短,可以做到小水勤灌;需要的工作压力低,能够较准确地控制灌水量,可减少无效的株间蒸发,不会造成水的浪费;灌水与施肥结合进行,肥效可提高1倍以上。滴灌可进行自动化管理,适用于果树、蔬菜、经济作物以及温室大棚灌溉,在干旱缺水地区也可用于大田作物灌溉。滴灌时滴头易结垢和堵塞,生产中应对水源进行严格的过滤处理。

2. 滴灌的优点

（1）**节水、节肥、省工** 滴灌属于全管道输水和局部微量灌溉,可使水分的渗漏和损失降到最低限度。同时,滴灌容易控制水量,能做到适时地供应作物根区所需水分,不存在外围水的损失问题,使水的利用效率大大提高,比喷灌节水35%～75%。灌溉可以方便地结合施肥,即把化肥溶解后灌注入灌溉系统,养分可直接均匀地施到作物根系层,实现了水肥同步,极大地提高了肥料利用率。同时,因为是小范围局部控制,微量灌溉,水肥渗漏较少,故可节省化肥施用量,减轻污染。运用滴灌施肥技术,可为作物及时补充价格昂贵的微量元素,避免浪费。由于株间未供应充足的水分,杂草不易生长,因而作物与杂草争夺养分的干扰大为减轻,减少了除草用工。滴灌系统仅通过阀门人工或自动控制,又结合了施肥,可明显节省劳力投入,降低了生产成本。

（2）**控制温度和湿度** 传统沟灌的大棚,一次灌水量大,棚温、地温降低太快,回升较慢,地表长时间保持湿润,且蒸发量加大,室内湿度太高,易导致病虫害发生。滴灌属于局部微灌,由滴头均匀缓慢地向根系土壤层供水,对地温的保持、回升,减少水分蒸发,降低室内湿度等均具有明显的效果。采用膜下滴灌,即把滴灌管（带）布置在膜下,效果更佳。由于滴灌操作方便,可实行高频灌溉,出流孔很小,流速缓慢,每次灌水时间比较长,土壤水分变化幅度小,故可控制根区内土壤长时间保持在接近于最适合作物生长的湿度。由于控制了室内空气湿度和土壤湿度,因此可明显减少病虫害的发生,减少农药的用量。

（3）保持土壤结构　传统沟畦灌灌水量较大，设施土壤受到较多的冲刷、压实和侵蚀，若不及时中耕松土，会导致严重板结，通气性下降，土壤结构遭到一定程度破坏。滴灌属微量灌溉，水分缓慢均匀地渗入土壤，可保持土壤结构，并形成适宜的土壤水、肥、气、热环境。

（4）改善产品质量、增产增效　由于应用滴灌减少了水肥、农药的使用量，可明显改善产品的品质。设施园艺采用滴灌技术符合高产、高效、优质的现代农业要求，较传统灌溉方式，可大大提高产品产量和质量，提早采收上市，并减少了成本投入，经济效益显著。

3. 滴灌的缺点

（1）灌水器易堵塞　由于杂质、矿物质沉淀的影响会使毛管滴头堵塞，滴灌的均匀度也不易保证，严重时会使整个系统无法正常工作，甚至报废。引起堵塞的原因可以是物理因素、生物因素或化学因素，如水中的泥沙、有机物质或微生物以及化学沉凝物等。因此，滴灌对水质要求较严，必须安装过滤器，必要时还需经过沉淀和化学处理。

（2）可能引起盐分积累　当在含盐量高的土壤上进行滴灌或是利用咸水滴灌时，盐分会积累在湿润区的边缘。若遇到小雨，这些盐分可能会被冲到作物根区而引起盐害，这时应继续进行滴灌冲洗。在没有充分冲洗条件的地方或是秋季无充足降雨的地方，则不要在高含盐量的土壤进行滴灌或利用咸水滴灌。

（3）有可能限制根系的发展　由于滴灌只湿润部分土壤，而作物根系有向水性，作物根系集中向湿润区生长，从而限制了根系的发展。

（4）有局限性　在蔬菜灌溉中不能利用滴灌系统追施粪肥，不适宜在结冻期灌溉。

（5）成本高　滴灌系统造价较高，要考虑作物的经济效益。

4. 滴灌分类

（1）根据不同作物和种植类型分类

①固定式滴灌系统　是指全部管网安装好后不再移动，适用于果树、葡萄、瓜果及蔬菜等作物。

②半固定式滴灌系统　干、支管道为固定的，只有田间的毛管是移动的。一条毛管可控制数行作物，灌完一行后再移至另一行进行灌溉，依次移动可灌数行，可提高毛管的利用率，降低设备投资。这种类型滴灌系统适用于宽行蔬菜与瓜果等作物的灌溉。

（2）根据毛管在田间布置方式分类

①地面固定式　毛管布置在地面，在灌水期间毛管和灌水器不移动的系统称为地面固定式系统，应用于果园、温室大棚和少数大田作物灌溉。灌水器包括各种滴头和滴灌管、带。优点是安装、维护方便，便于检查土壤湿润情况和滴头流量变化的情况；缺点是毛管和灌水器易于损坏和老化，对田间耕作也有影响。

②地下固定式　将毛管和灌水器（主要是滴头）全部埋入地下的系统称为地下固定式系统。是近年来随着滴灌技术的不断提高和灌水器堵塞减少后才出现的滴灌方式，生产中应用面积较少。与地面固定式系统相比，优点是免除了在作物种植和收获前后安装和拆卸毛管的工作，不影响田间耕作，延长了设备的使用寿命；缺点是不能检查土壤湿润情况和滴头流量变化情况，发生故障维修很困难。

③移动式　在灌水期间，毛管和灌水器在灌溉完成后由一个位置移向另一个位置进行灌溉的系统称为移动式滴灌系统，此种系统应用也较少。与固定式系统相比，提高了设备的利用率，降低了投资成本，常用于大田作物和灌溉次数较少的作物。但操作管理比较麻烦，管理运行费用较高，适合于干旱缺水、经济条件较差的地区使用。

（3）根据控制系统运行方式分类

①手动控制　系统的所有操作均由人工完成，如水泵、阀门

的开启和关闭，灌溉时间的长短及何时灌溉等。这类系统的优点是成本较低，控制部分技术含量不高，便于使用和维护，适合在广大农村推广；不足之处是使用的方便性较差，不适宜控制大面积灌溉。

②全自动控制　系统不需要人直接参与，通过预先编制好的控制程序，根据反映作物需水的某些参数，可以长时间地自动启闭水泵和自动按一定的轮灌顺序进行灌溉。人的作用只是调整控制程序和检修控制设备。该系统中，除灌水器、管道、管件及水泵、电机外，还包括中央控制器、自动阀、传感器（土壤水分传感器、温度传感器、压力传感器、水位传感器和雨量传感器等）及电线等。

③半自动控制　系统在灌溉区域设有安装传感器，灌水时间、灌水量和灌溉周期等均是根据预先编制的程序，而不是根据作物和土壤水分及气象资料的反馈信息来控制的。这类系统的自动化程度不等，有的是一部分实行自动控制，有的是几部分实行自动控制。

5. 滴灌系统组成　滴灌系统一般由水源、首部控制枢纽（包括水泵、动力机、过滤器、肥液注入装置、测量控制仪表等）、各级输水管道和滴水器组成。

（1）水源　滴灌系统的水源可以是机井、泉水、水库、渠道、江河、湖泊、池塘等，但水质必须符合灌溉水质的要求，并且要求含砂量和杂质较少，含砂量较大时则应采用沉淀等方法处理。

（2）首部控制枢纽　首部控制枢纽一般包括水泵、动力机、过滤器、施肥罐、控制与测量仪表、调节装置等。其作用是从水源取水加压并注入肥料（农药）经过滤后按时、按量输送进入管网，担负着整个系统的驱动、测量和调控任务，是全系统的控制调配中心。

滴灌常用的水泵有潜水泵、离心泵、深井泵、管道泵等，水泵的作用是将水流加压至系统所需压力并将其输送到输水管网。

动力机可以是电动机、柴油机等，如果水源的自然水头（水塔、高位水池、压力给水管）能够满足滴灌系统压力要求，则可省去水泵和动力机。施肥装置的作用是使易溶于水并适于根施的肥料、农药、除草剂、化控药品等在施肥罐内充分溶解，然后再通过滴灌系统输送到作物根部。肥料罐一般安装在过滤器之前，以防造成堵塞。

过滤设备是将水流过滤，防止各种污物进入滴灌系统堵塞滴头或在系统中形成沉淀。过滤设备有拦污栅、离心过滤器、砂石过滤器、筛网过滤器、叠片过滤器等。河流和水库等水质较差的水源，需建沉淀池。

流量、压力测量仪表用于管道中的流量及压力测量，一般有压力表、水表等。安全保护装置用来保证系统在规定压力范围内工作，消除管路中的气阻和真空等，一般有控制器、传感器、电磁阀、水动阀、空气阀等。调节控制装置一般包括各种阀门，如闸阀、球阀、蝶阀等，其作用是控制和调节滴灌系统的流量和压力。

（3）**输水管道**　滴灌系统的输水管道包括干管、支管、毛管及必要的调节设备（如压力表、闸阀、流量调节器等），其作用是将加压水均匀地输送到滴头。干、支管一般为硬质塑料管（PVC/PE），毛管用软塑料管（PE）。

（4）**滴水器**　是滴灌系统中最关键的部件，为直接向作物施水肥的设备。滴水器是在一定的工作压力下，通过流道或孔口将毛管中的水流变成滴状或细流状均匀地施入作物根区土壤的装置，其流量一般不大于 12 升 / 小时。按滴水器的构造方式不同，滴水器通常分滴头、滴箭、滴灌管、滴灌带等。

6. **过滤装置**　任何水源的灌溉水均不同程度的含有各种杂质，而微灌系统中灌水器出口的孔径很小，很容易被水源中的杂质堵塞。因此，对灌溉水源进行严格的过滤处理是微灌中必不可少的步骤，是保障微灌系统正常运行、延长灌水器使用寿命和保障灌溉质量的关键措施。过滤设备主要有沉淀池、拦污栅、离心过滤器、砂石过滤器、筛网过滤器、叠片过滤器等。各种过滤设备可以在首部枢纽单独使用，也可根据水源水质情况组合使用。

（1）砂石过滤器　此类过滤器是利用砂石作为过滤介质的一种过滤设备，一般在过滤罐中放 1.5～4 毫米厚的砂砾石，污水由进水口进入滤罐，经过砂石之间的孔隙截流和浮获而达到过滤的目的。表面积大、附着力强的细小颗粒及有机质等比重较小的颗粒（直径 0.05 毫米以上）效果好，比重较大的颗粒不易反冲洗。该过滤器主要适用于有机物杂质的过滤，可清除水中的悬浮物（比如藻类）。砂石过滤器的优点是过滤可靠、清洁度高；缺点是价格高、体积大和重量大，需要按照当地水质情况定期更换砂石。生产中一定要按照设计流量使用，流量过大会导致过滤精度下降，当进、出口压降大于 0.07 兆帕时，应进行反冲洗。一般在地表水源中作为一级过滤器使用，与叠片过滤器或筛网式过滤器同时使用效果更好。

（2）旋流砂石分离器　也叫离心过滤器，常见的结构形式有圆柱形和圆锥形 2 种。由进口、出口、旋涡室、分离室、贮污室和排污口等部分组成。将压力水流沿切线方向流入圆形或圆锥形过滤罐，做旋转运动，在离心力作用下，比水重的杂质移向四周并逐渐下沉，清水上升，水、砂分离。旋流砂石过滤器可以连续过滤高含砂量的滴灌水，处理比重较大的砂砾（0.075 毫米以上），但是与水比重相近或较轻的杂质过滤作用不明显。生产中需要定期地进行除砂清理，清理时间按照当地水质情况而定。由于在开泵和停泵的瞬间水流不稳，会影响过滤效果，一般在地下水源中作为一级过滤器使用，与叠片过滤器或筛网式过滤器同时使用效果更好。

（3）筛网式过滤器　此类过滤器的过滤介质是尼龙筛网或不锈钢筛网，筛网孔径一般不超过滴头水流通道直径的 10%～20%。杂质在经过过滤器时，会被筛网拦截在筛网内壁，主要清除水中的各种杂质，需要定期清洗过滤器的筛网，建议每次灌溉后均要清洗。此类过滤器在安装过程中必须按照规定的进水方向安装，不可反向使用；如果发现筛网或密封圈损坏，必须及时更换，否则将失去过滤效果。一般配合旋转式水砂分离器和砂石过滤器作为二级过滤器使用。

（4）**叠片过滤器**　此类过滤器采用带沟槽的塑料圆片作为过滤介质，许多层圆片叠加压紧，两叠片间的槽形成缝隙，灌溉水流过叠片，泥沙和有机物等留在叠片沟槽中，清水通过叠片的沟槽流出过滤器。需要按照当地水质情况定期清洗过滤器，清洗时松开叠片即可除去清洗杂质。此类过滤器在安装过程中必须按照规定的进水方向安装，不可反向使用。适用于有机质和混合杂质过滤，一般配合旋转式水砂分离器和砂石过滤器作为二级过滤器使用。

（5）**沉淀池**　通过降低流速、减少扰动、增加停留时间，沉淀处理绝大部分粗砂颗粒（0.25～1毫米）、大部分细砂颗粒（0.05～0.25毫米）及部分泥土（黏性）颗粒（0.005～0.05毫米）。需要注意的是砂石和网式（叠片）过滤器只能作为保险装置，不能处理大量泥砂。

7. 滴水器的要求与类型

（1）**滴水器的要求**　滴水器是滴灌系统的核心，要满足以下要求：①在一定压力范围内有一个相对较低而稳定的流量，每个滴水器的出水口流量应在2～8升/小时之间。滴头的流道细小，直径一般小于2毫米，流道制造精度要高，以免对滴水器的出流能力造成较大的影响。同时，水流在毛管流动中的摩擦阻力降低了水流压力，从而也就降低了末端滴头的流量。为了保证滴灌系统具有足够的灌水均匀度，一般应将系统中的流量差限制在10%以内。②大的过流断面。为了在滴头部位产生较大的压力损失和一个较小的流量，水流通道断面最小规格可在0.3～1毫米之间变化。滴头流道断面较小很容易造成流道堵塞，若增大滴头流道断面，则需增加流道长度。

（2）**滴水器分类** 滴水器种类较多，其分类方法也不相同，主要有以下3种分类方式。

①按滴水器与毛管的连接方式分类 一是管间式滴头。把灌水器安装在两段毛管的中间，使滴水器本身成为毛管的一部分。例如，把管式滴头两端带倒刺的接头分别插入两段毛管内，使绝大部分水流通过滴头体内腔流向下一段毛管，而很少的一部分水流通过滴头体内的侧孔进入滴头流道内，经过流道消能后再流出滴头。二是管上式滴头。直接插在毛管壁上的滴水器，如旁插式滴头、孔口式滴头等。

②按滴水器的消能方式分类 一是长流道式消能滴水器。该滴水器主要是靠水流与流道壁之间的摩擦耗能来调节滴水器出水量的大小，如微管、内螺纹及迷宫式管式滴头等，均属于长流道式消能滴水器。二是孔口消能式滴水器。以孔口出流造成的局部水头损失来消能的滴水器，如孔口式滴头、多孔毛管等均属于孔口式滴水器。三是涡流消能式滴水器。水流进入滴水器的流室的边缘，在涡流的中心产生一低压区，使中心的出水口处压力较低，因而滴水器的出流量较小。设计良好的涡流式滴水器的流量对工作压力变化的敏感程度较小。四是压力补偿式滴水器。该滴水器是借助水流压力使弹性体部件或流道改变形状，从而使过水段面面积发生变化，使滴头出流小而稳定。优点是能自动调节出水量和自清洗，出水均匀度高，但制造较复杂。五是滴灌管或滴灌带式滴水器。滴头与毛管制造成一整体，兼具配水和滴水功能的管（或带）称为滴灌管（或滴灌带）。按滴灌管（带）的结构可分为内镶式滴灌管和薄壁式滴灌管两种。

③按滴水器外型分类 一是滴头。滴头通常有长流道型、孔口型、涡流型等多种。滴头与毛管采用外连接。滴头通常放在土壤表面，也可以浅埋保护。注意选用抗堵塞性强、性能稳定的滴头。滴灌设计时，应根据土壤及种植作物的灌溉制度、滴头工作压力和流量选择合适的滴头。滴头按压力分为压力补偿式和非压

力补偿式，压力补偿式滴头主要用于长距离或存在高差的地方铺设；非压力补偿式用于短距离铺设。滴头主要用于盆栽花卉的灌溉，通常是配合滴箭使用。二是滴箭。滴箭由直径 4 毫米的 PE 管、滴箭头及专用接头连接后插入毛管而成，主要用于盆栽和无土栽培等。三是滴灌管。滴灌管是指滴头与毛管制造成的一个整体，兼备配水和滴水功能。滴灌管按出水压力分为压力补偿式和非压力补偿式两种，压力补偿式主要用于长距离铺设或在起伏地形中铺设。按结构可分为内镶式滴灌管（有内镶贴片式和内镶圆柱式）和薄壁式滴灌管两种。滴灌管的滴头孔口直径为 0.5～0.9 毫米，流道长度为 30～50 厘米，管直径为 10～16 毫米，管壁厚为 0.2～1 毫米，工作压力为 50～100 千帕，孔口出水流量为 1.5～3 升/小时。滴灌管在设施和露地均可以使用，相对滴灌带而言，滴灌管的使用寿命稍长，但是价格比滴灌带高。其缺点是孔口较小，铺设于地面上的滴灌管妨碍田间其他农事操作。滴灌管的性能技术参数：采用内嵌迷宫节流式及内嵌迷宫补偿式滴头，水流通过时呈紊流状态，自洁性能及抗堵塞能力强，过滤级别放宽为 80 目；"恒压流径"补偿器，使出水均匀度≥95%；使用新型材料，高强度、耐腐蚀、抗老化；从 1.5 升/小时至 10 升/小时 8 种流量可根据不同需求选择；0.3～2 毫米多种管壁厚度适应不同灌溉环境需要。四是滴灌带。滴灌带是利用塑料管（滴灌管引）道将水通过直径约 10 毫米毛管上的孔口或滴头送到作物根部进行局部灌溉。多采用聚乙烯塑料薄膜滴灌带，厚度 0.8～1.2 毫米，直径有 16 毫米、20 毫米、25 毫米、32 毫米、40 毫米、50 毫米等规格，颜色为黑色和蓝色，主要是防止管内生绿苔堵塞管道。若日光温室栽培垄或畦比较短，可选用直径小的软管。滴管带软管的左右两侧各有一排 0.5～0.7 毫米孔径的滴水孔，每侧孔距 25 厘米，两侧滴孔交错排列。当水压达到 0.02～0.05 兆帕时，软管便起到输水作用，将软带的水从两侧滴孔滴入根际土壤中。每米软带的出水量为每小时 13.5～27

升。滴灌带由于管壁较薄，一般建议在设施内使用。相对滴灌管而言，滴灌带的使用寿命稍短，价格也比滴灌管便宜。铺设滴灌管（带）时，一定要出水口朝上。滴灌带分为内镶式滴灌带和迷宫式滴灌带，目前国内外大量使用且性能较好的多为内镶式滴灌带，包括边缝式滴灌带、中缝式滴灌带、内镶贴片式滴灌带和内镶连续贴条式滴灌带等。内镶式滴灌带是在毛管制造过程中，将预先制造好的滴头镶嵌在毛管内的滴灌带。内镶式滴灌带的特点是内镶滴头自带过滤窗，抗堵性能好；紊流流道设计，灌水均匀；滴头、管道整体性强；滴头间距灵活调节，适用范围广；价格低廉。迷宫式滴灌带是在制造薄壁管的同时，在管的一侧或中间部位热合出各种形状减压流道的滴水出口。迷宫式滴灌带的特点是迷宫流道及滴孔一次真空整体热压成型，黏合性好，制造精度高；紊流态多口出水，抗堵塞能力强；迷宫流道设计，出水均匀，可达 85% 以上，铺设长度可达 80 米；重量轻，安装管理方便，人工安装费用低。生产中在铺设滴灌带时应浅埋，并压紧压实地膜，使地膜尽量贴近滴灌带，注意地膜和滴灌带之间不要产生空间，避免阳光通过水滴形成的聚焦而灼伤滴灌带；播种前要平整土地，减少土面的坑洼，防止土块、杂石、杂草托起地膜，造成水汽在地膜下积水形成透镜效应而灼伤滴灌带。

8. 设施蔬菜重力滴灌

（1）重力滴灌简介 1985 年以色列人 GIDEONGILEAD 就提出了重力滴灌的想法，以色列 EIN-TAL 生产的自流式滴灌系统就是在这一想法的启发下出现的。该灌溉系统的灌水器为长流道、迷宫式，流量为 0.2 升 / 小时，灌水器紧固在毛管（4 毫米）上，系统的工作水头可以降低至 0.5 米。常规的滴灌系统，滴头设计工作水头为 10 米，在传统观念"滴头的工作水头越高，系统的灌水均匀度越高"指导下，为保证系统的灌水均匀度，一般以 10 米水头作为滴头的最低工作压力，因此供水系统的费用较高。此自流式滴灌系统与一般滴灌系统相比，同等的流量可灌溉10倍于一般滴灌条件下的面积，大大节省了肥料与水源。由于具有特殊的重力过滤器，因此对水源没有特殊要求，井水、河水、水池、水坑、塑料桶、铅皮桶及溶解多元素化肥的水源均可使用；而且不需要依靠动能运转，不用配备昂贵的压力系统，便能将毛细水流均匀地输送到主水管的任何一端，一般2～3分钟便能将水源输送40米远。目前，重力滴灌系统在棚室灌溉中得到了广泛应用，尤其是在一家一户生产方式中应用更为普遍。

重力滴灌将世界上最先进的灌溉技术与最原始的灌溉条件相结合，使生产者在不改变现有灌溉条件的情况下，使用最先进的设备进行灌溉。例如，一家一户棚室栽培时，只需自备一只汽油桶（棚内如有水池更好），将桶垫高50厘米，将过滤器放在桶内，再与主管道连接后接滴灌管。所有管道都是拼插件连接，如果棚室较集中，只需在水源附近建蓄水池，将过滤器放入水池中，水过滤后经管道送入各棚室内。生产中可视情况在蓄水池处装总阀，统一控制灌溉时间；也可在各棚室内装分阀，由各棚室自主控制灌溉时间。整套系统无须计算机控制，无须大量的土木工程，运行时无须用电和泵，靠50厘米落差的自然大气压就可驱动整套系统运行，简单易行。

目前，研究生产重力滴灌灌水器的主要有以色列的EIN-TAL公司、PLASTRO公司、NATEFIM公司等，国内研究生产重力滴灌灌水器的厂家几乎没有，所以灌水器价格较高。

（2）日光温室简易重力滴灌　日光温室简易重力滴灌系统具有节水、增产、降温、省工、高效、减轻病虫害等优点。是利用水位差形成的水压实现自然滴灌，不需动力。每个标准日光温室安装重力滴灌系统的成本不超过500元。

①重力滴灌系统的组成　主要由蓄水池（也可用废柴油桶去盖清洗改装而成）、阀口控制部分（闸阀、水表和过滤器）、输水管道和滴灌管组成。

②重力滴灌系统安装　安装方法步骤：一是在距棚顶3～4

米处，用砖砌一个容量 $3 \sim 5$ 米^3、高 3 米的蓄水池。二是在池底设置排污口，在距池底 10 厘米的地方设置出水口，并在建池时安装出水管。三是将闸阀、水表和过滤器依次安装或焊接在出水管上，并与出水口连接。四是选用直径 12 厘米或 16 厘米的高密度或中密度聚乙烯管作出水管，在出水管的过滤器后面接一个直径与出水管相同的三通管。三通管两端封闭，在其上焊接 $8 \sim 10$ 个滴灌管接头。五是将滴灌管沿日光温室方向（种植行向）铺设于植株附近，滴灌管的一端与聚乙烯三通管上的接头连接，另一端弯折封闭。然后在滴灌管上用打孔器对着种植畦上种植作物的穴位打孔。滴孔间距离与作物的株距相同，孔径为 $1 \sim 1.3$ 毫米，至此整个滴灌系统安装完毕。六是将滴灌管摆放在种植行上，离种植穴 10 厘米左右，滴孔口朝上，以防堵塞。滴灌管上平铺地膜后定植作物，也可先定植后覆地膜。七是将水池注满水，需要供水时，打开闸阀和所有滴灌管末端，当流出清水时，将其末端弯折封闭，让其自然滴灌和运行。

③重力滴灌的优势　一是简易滴灌能适时、适量地向蔬菜根部供水、供肥、供药（防治地下害虫和根部病害时可配药水滴灌），使根际土壤保持适量的水分、氧气和养分，为蔬菜生长营造良好环境，产量比漫灌增加 45% 左右。二是节约用水。据测试，简易滴灌水利用率达 $95\% \sim 98\%$，比喷灌节水 45%，比地面漫灌节水 60%。三是造价低。每个标准日光温室安装重力滴灌系统造价为 500 元左右，投资仅相当于微喷设施的 1/3。四是提高棚温。温室应用滴灌比漫灌温度提高 5℃左右，可使蔬菜提早上市 15 天。五是减少病虫害。简易滴灌的滴灌管摆放在地膜下，可有效地防止土表水分蒸发，降低棚内湿度，从而减轻蔬菜灰霉病和黑斑病的发生和危害。六是节省肥料。棚室内蔬菜所需的追肥可全部投入蓄水池中经充分溶解后随水滴施，直接送达根际土层，不但简化了施肥方法，还能有效地防止养分的挥发和流失，提高肥效，节约用肥。七是滴灌管摆放在地表，出现堵塞现

象时，便于发现和消除。

④应用重力滴灌注意事项 在灌溉过程中，要定期打开过滤器进行清洗，间隔时间视水质情况和施药施肥次数而定，一般1～2周1次。每隔1个月，打开滴灌管末端进行检查，若有杂物应打开闸阀放水冲洗干净，以利日后供水时滴灌运行畅通无阻。

（二）水肥一体化系统中的施肥（药）设备

微灌系统中向压力管道注入可溶性肥料或农药溶液的设备及装置称为施肥（药）装置。为了确保灌溉系统在施肥施药时运行正常并防止水源污染，生产中必须注意以下几点：一是化肥或农药的注入一定要放在水源与过滤器之间，肥（药）液先经过过滤器之后再进入灌溉管道，使未溶解的化肥和其他杂质被清除掉，以免堵塞管道及灌水器。二是施肥和施药后必须利用清水把残留在系统内肥（药）液全部冲洗干净，防止设备被腐蚀。三是在化肥或农药输液管出口处与水源之间一定要安装逆止阀，防止肥（药）液流进水源，严禁直接把化肥和农药加进水源而造成环境污染。肥料罐一般安装在过滤器之前，以防造成堵塞。

1. 压差式施肥装置

（1）**基本原理** 压差式施肥装置也称为旁通施肥罐（图1-1），一般由贮液罐、进水管、供肥液管、调压阀等组成。其工作原理是进水管、供肥液管分别与施肥罐的进、出口连接，然后再与主管道相连接，在主管道上与进水管及供肥管接点之间设置一个截止阀以产生较小的压力差（1～2米水压），使一部分水流流入施肥罐，进水管直达罐底，水溶解罐中肥料后，肥料溶液由出水管进入主管道，将肥料带到作物根区。贮液罐为承压容器，承受与管道相同的压力。

（2）**基本操作方法** ①根据各轮灌区具体面积或作物株数计算好当次施肥的数量，称好或量好每个轮灌区的肥料。②用两

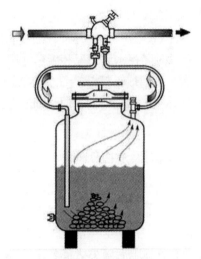

图 1-1　旁通施肥罐

根各配一个阀门的管子将旁通管与主管接通，为便于移动，每根
管子上可配用快速接头。③将液体肥直接倒入施肥罐，固体肥料
则应先将肥料溶解并通过滤网注入施肥罐。在使用容积较小的罐
时，可以将固体肥直接投入施肥罐，使肥料在灌溉过程中溶解，
但需要 5 倍以上的水量以确保所有肥料被溶解用完。④注完肥料
溶液后扣紧罐盖。⑤关闭旁通管的进、出口阀，并同时打开旁通
管的逆止阀，然后打开主管道逆止阀。⑥打开旁通管进、出口
阀，然后慢慢地关闭逆止阀，同时注意观察压力表到所需的压差
（1～3 米水压）。⑦有条件可以用电导率仪测定施肥所需时间，
否则用 AmosTeitch 的经验公式估计施肥时间。施肥完后关闭施
肥罐的进、出口阀门。⑧施用下一罐肥时，必须事先排掉罐内的
积水。在施肥罐进水口处应安装一个 1/2 英寸（1 英寸＝2.54 厘
米，下同）的真空排除阀或 1/2 英寸的球阀，在打开罐底的排水
开关前，应先打开真空排除阀或球阀，否则水排不出去。

　（3）注意事项　①罐体较小的（小于 100 升），固体肥料最
好溶解后倒入肥料罐，否则可能会堵塞罐体，尤其是在压力较低

时更易堵塞。②有的肥料可能含有一些杂质，倒入施肥罐前先溶解过滤，滤网100～200目。如直接加入固体肥料，必须在肥料罐出口处安装一个1/2英寸的筛网式过滤器，或将肥料罐安装在主管道的过滤器之前。③每次施完肥后，应用灌溉水冲洗管道，将残留在管道中的肥液排出。一般滴灌系统需要冲洗20～30分钟，微喷灌系统10～15分钟。如滴灌系统轮灌区较多，而施肥要求在尽量短的时间完成，可考虑测定滴头处电导率的变化来判断清洗时间，一般首部的灌溉面积越大，输水管道越长，需冲洗的时间也越长。冲洗是个必须的过程，因为残留的肥液存留在管道和滴头处，极易滋生藻类、青苔等低等植物而堵塞滴头；在灌溉水硬度较大时，残存肥液在滴头处易形成沉淀，也可造成堵塞。据笔者调查，灌溉施肥后滴头堵塞多数与施肥后没有及时将肥液冲洗干净有关。④肥料罐需要的压差由入水口和出水口间的截止阀获得，因为灌溉时间通常多于施肥时间，不施肥时逆止阀要全开。经常性地调节阀门可能会导致每次施肥的压力差不一致（特别是当压力表量程太大时，判断不准），从而使施肥时间把握不准确，为了获得一个恒定的压力差，可以流量表（水表）代替逆止阀门。水流流经水表时会造成一个微小压差，这个压差可供施肥罐用，不施肥时关闭施肥罐两端的细管，主管上的压差仍然存在，这样不管施肥与否主管上的压力都是均衡的。⑤肥料罐应选用耐腐蚀、抗压能力强的塑料或金属材料制造，封闭式肥料罐还要求具有良好的密封性能。罐的容积应根据微灌系统控制面积大小（或轮灌区面积大小）、单位面积施肥量和化肥溶液浓度等因素确定。

（4）旁通施肥罐的优缺点及适用范围　①优点是无须外加动力，省电、省工；成本低廉，经济适用；安装、使用方便。②缺点是随着罐体内肥料逐渐减少，吸肥的浓度逐渐降低，稳定性较差。罐体容积有限，添加化肥频繁比较麻烦。③适用范围。在单棚单井膜下滴灌施肥系统中广泛应用。

2. 文丘里施肥器

（1）**基本原理** 文丘里施肥器与微灌系统或灌区入口处的供水管控制阀门并联安装，使用时将控制阀门关小，造成控制阀门前后有一定的压差，使水流经过安装文丘里施肥器的支管，利用水流通过文丘里管产生的真空吸力，将肥料溶液从敞口的肥料桶中均匀吸入管道系统进行施肥。其原理是让水流通过一个由大渐小然后由小到大的管道时，水流经狭窄部分时流速加大，压力下降，当喉部管径小到一定程度时管内水流便形成负压，在喉管侧壁上的小口可以将肥料溶液从一敞口肥料罐通过小管径细管吸上来。文丘里施肥器可安装于主管路上（串联安装），或作为管路的旁通件安装（并联安装），文丘里施肥器的流量范围由制造厂家给定，主要通过进口压力和喉部规格影响施肥器的流量，每种规格只有在给定的范围内才能准确运行。

（2）**文丘里施肥器的类型**

①简单型 结构简单，只有射流收缩段，因水头损失过大一般不宜采用。

②改进型 灌溉管网内的压力变化可能会干扰施肥过程的正常运行或引起事故。为防止这些情况发生，在单段射流管的基础上，增设单向阀和真空破坏阀，当产生抽吸作用的压力过小或进口压力过低时，水会从主管道流进贮肥罐以致产生溢流。在抽吸管前安装一个单向阀，或在管道上装一球阀均可解决这一问题。当文丘里施肥器的吸入室为负压时，单向阀的阀芯在吸力作用下打开，开始吸肥；当吸入室为正压力时，单向阀阀芯在水压作用下关闭，防止水从吸入口流出。

③两段式 国外研制了改进的两段式文丘里施肥器结构（图1-2），使得吸肥时的水头损失只有入口处压力的12%～15%，从而克服了文丘里施肥器的基本缺陷，已得到了广泛应用。其不足之处是流量相应降低了。

（3）**文丘里施肥器安装与运行** 一般情况下，文丘里施肥器

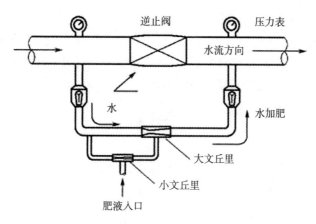

图1-2　两段式文丘里施肥器结构示意图

安装在旁通管上（并联安装），这样只需部分流量经过射流段。这种旁通运行可以使用较小的文丘里施肥器，以便于移动。不加肥时，系统也正常工作；施肥面积很小且不考虑压力损耗时也可以用串联安装。在旁通管上安装的文丘里施肥器，常采用旁通调压阀产生压差，调压阀的水头损失足以分配压力。如果肥液在主管过滤器之后流入主管，抽吸的肥水要单独过滤，可在吸肥口包一块100～120目的尼龙网或不锈钢网，或在肥液输送管的末端安装一个耐腐蚀的过滤器，筛网规格为120目。

（4）文丘里施肥器的优缺点及适用范围

①优点　借助灌溉系统水力驱动，无须外加动力；无运动零部件，可靠性高，日常维护少；正常系统流量下，吸肥量始终保持恒定；压力灌溉系统中最经济高效的注肥方式；体积小重量轻，安装灵活方便，节省空间；并联可同时吸取多种肥料或加倍吸肥量；有专业配套的逆止阀、过滤吸头、限流阀、流量计等可选。

②缺点　压力损失较大，一般仅适用于灌区面积不大的地块。

③适用范围　在各种灌溉施肥系统中普遍应用，尤其是薄壁多孔管微灌系统的工作压力较低，可以采用文丘里施肥器。

3. 重力自压式施肥法　应用重力滴灌或微喷灌的，可以采用重力自压式施肥法（图1-3）。在保护地内将贮水罐架高（或修造贮水池），肥料溶解于池水中，利用高水位势能压力将肥液注入系统。该方法仅适用于面积较小（＜350米²）的保护地。

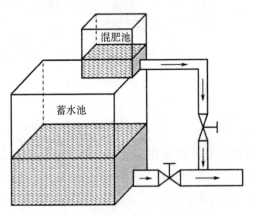

图1-3　重力自压灌溉施肥示意图

南方丘陵山地果园，通常引用高处的山泉水或将山脚水源泵至高处的蓄水池。通常在水池旁边高于水池液面处建立一个敞口式混肥池，池大小为0.5～2米³，可以是方形或圆形，方便搅拌溶解肥料即可。池底安装肥液流出的管道，出口处安装PVC球阀，此管道与蓄水池出水管连接。池内用20～30厘米长大管径管（如75毫米或90毫米PVC管），管的入口用100～120目尼龙网包扎。施肥时先计算好每轮灌区需要的肥料总量，肥料倒入混肥池加水溶解，或溶解好直接倒入。打开主管道的阀门开始灌溉，再打开混肥池的管道，肥液即被主管道的水流稀释并带入灌溉系统。通过调节球阀的开关位置控制施肥速度，蓄水池的液位变化不大时（南方地区通常情况下一边滴灌一边抽水至水池），施肥的速度比较稳定，可以保持一恒定养分浓度。施肥结束时，需继续灌溉一段时间，以冲洗管道。通常混肥池用水泥建造，坚固耐用，造价低，也可直接用塑料桶作混肥池。有些用户直接将肥料倒入蓄水池，灌溉时将整池水放干净。由于蓄水池通常体积很大，要彻底放净水很不容易，在池中会残留一些肥液，加上池壁清洗困难，也有养分附着，重新蓄水时极易滋生藻类、青苔等低等植物，堵塞过滤设备。因此，采用重力自压式灌溉施肥，一定要将混肥池和蓄水池分开，二者不可共用。

利用重力自压式施肥由于水压很小（通常在 3 米以内），常规过滤方式（如叠片过滤器或筛网过滤器）由于过滤器的堵水作用，往往使灌溉施肥过程无法进行。生产中在重力滴灌系统中应解决过滤问题，方法是在蓄水池内出水口处连接一段 1～1.5 米长的 PVC 管，管径为 90 毫米或 110 毫米。在管上钻直径 30～40 毫米的圆孔，圆孔数量越多越好，将 120 目的尼龙网缝制成与管相同的形状，一端开口，直接套在管上，开口端扎紧。此方法极大地增加了进水面积，虽然尼龙网也会堵水，但由于进水面积增加，总的出流量也增加。混肥池内也用同样方法解决过滤问题。尼龙网变脏时，应更换新网或洗净后再用。该方法经几年的生产应用，效果很好，而且尼龙网成本低廉，容易购买，容易被用户接受和采用。

4. 泵吸肥法　是利用离心泵将肥料溶液吸入管道系统进行施肥的方法，适合于任何面积的施肥，尤其在地下水位低、使用离心泵的地方广泛应用。为防止肥料溶液倒流入水池而污染水源，可在吸水管后面安装逆止阀。通常在吸肥管的入口包上 100～120 目滤网（不锈钢或尼龙），防止杂质进入管道（图1-4）。该法的优点是无须外加动力，结构简单，操作方便，施肥速度快，可用敞口容器盛肥料溶液，水压恒定时可做到按比例施肥。可以通过调节肥液管上的阀门控制施肥速度。缺点是要求水源水位不能低于泵入口 10 米，施肥时要有专人照看，肥液快完时应立即关闭吸肥管上的阀门，否则会吸入空气而影响泵的运行。

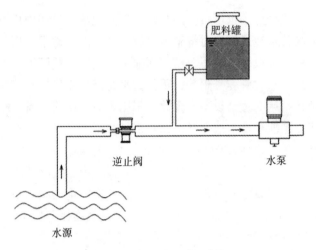

图1-4　泵吸施肥法示意图

5. 泵注肥法　该方法的原理是利用加压泵将肥料溶液注入有压管道，注入口可以在管道上任何位置，通常泵产生的压力必须大于输水管的水压，否则肥料注不进去。在有压力管道中施肥（如采用潜水泵无法用泵吸施肥，或用自来水等压力水源）泵注肥法是最佳选择，生产中多在示范园区的现代化温室采用。喷农药常用的柱塞泵或一般水泵均可使用。泵施肥法施肥速度可以调节，施肥浓度均匀，操作方便，不消耗系统压力。不足之处是要单独配置施肥泵，施肥不频繁的地区可以使用普通清水泵，施肥完毕用清水清洗，一般不生锈；施肥频繁的地区，建议使用耐腐蚀的化工泵。

6. 比例施肥器　比例施肥器是目前常用的施肥器类型，主要为水动注肥泵，用于将浓溶液（药剂、肥料、其他化学试剂）按照固定比例注入母液（水或其他溶质）。其工作原理是将比例施肥器安装在供水管路中（串联或并联），利用管路中水流的压力驱动，比例泵体内活塞做往复运动，将浓溶液按照设定好的比例吸入泵体，与母液混合后被输送到下游管路。无论供水管路上的水量和压力发生什么变化，所注入浓缩液的剂量与进入比例泵的水量始终成比例。优点是水力驱动，无须电力；流动水流推动活塞；精确地按比例添加药液，只要有水流通过就能一直按比例添加并使比例保持恒定。

第二章
设施蔬菜栽培的基础知识

一、设施的主要类型与特点

设施蔬菜栽培是在不适宜蔬菜生长的季节，利用各种设施为蔬菜生产创造适宜的环境条件，从而达到周年供应的栽培形式。常用设施有风障、阳畦、地膜覆盖、塑料小棚、塑料中棚、塑料大棚、日光温室等。北方地区，大中棚主要进行春提早和秋延后两种茬口栽培，日光温室栽培安排在自然界气温偏低的秋、冬、春三季进行。华北地区，从7月份开始至翌年6月份均可安排日光温室栽培。

（一）塑料小拱棚

1. 结构　小拱棚一般高1米左右、宽2～3米，长度不限。骨架多用毛竹片、荆条、硬质塑料圆棍，或直径6～8毫米的钢筋等材料弯成拱圆形，上面覆盖塑料薄膜。夜间可在棚面上加盖草苫，北侧可设风障。目前广泛应用的塑料小拱棚，根据结构不同分为拱圆形棚和半拱圆形棚。半拱圆形棚是在拱圆形棚的基础上发展改进而成的形式。在覆盖畦的北侧加筑一道高约1米的土墙，墙上宽约30厘米、下宽45～50厘米。拱形架杆的一端固定在土墙上部，另一头插入覆盖畦南侧畦梗外的土中，上面覆盖塑料薄膜。半拱圆形棚的覆盖面积和保温效果优于小拱圆形棚。

2. 特点　小拱棚空间小，棚内温度受外界气温的影响较大。一般昼夜温差可达20℃以上。晴天增温效果显著，阴、雪天气效果较差。在一天内，早上日出后棚内开始升温，上午10时后棚温急剧上升，下午1时前后达到最高值，以后随太阳西斜、日落，棚温迅速下降，夜间降温比露地缓慢，第二天凌晨时棚温最低。春季小拱棚内的地温比露地高5～6℃，秋季比露地高1～3℃。小拱棚内空气湿度变化较为剧烈，密闭时可达饱和状态，通风后迅速下降。

（二）塑料大棚

塑料大棚俗称冷棚，是一种简易实用的保护地栽培设施。由于其建造容易、使用方便、投资较少，随着塑料工业的发展，已被世界各国普遍采用。利用竹木、钢材等材料，覆盖塑料薄膜，搭成拱形棚，栽培蔬菜能够提早或延迟供应，提高单位面积产量，还有利于防御自然灾害。塑料大棚栽培以春季、夏季、秋季为主，冬季最低气温为-17℃的地区可用于耐寒作物在棚内防寒越冬，高寒和干旱地区可提早在大棚进行栽培。北方地区，冬季在温室中育苗，早春将幼苗提早定植于大棚内进行早熟栽培。夏播，秋后进行延迟栽培，1年种植两茬。由于春提早和秋延后可使大棚的栽培期延长2个月之久。

1. 塑料大棚结构类型

我国各地生产上使用的大棚，基本上是单拱圆形骨架结构，根据所用建造材料主要分为以下4种类型。

（1）简易竹木结构大棚　这种结构的大棚，各地区不尽相同，但其主要参数和棚型基本一致，大同小异。由立杆、拱杆、拉杆、压杆组成大棚的骨架，架上覆盖塑料薄膜而成。这种棚多为南北延长，棚宽8～12米、长30～60米、中高1.8～2.5米、边高1米，每栋面积0.3～1亩（1亩≈667平方米）。按棚宽（跨度）方向每隔2米设一立柱，立柱粗6～8厘米，顶端形成拱形，地下埋深 50 厘米，下面垫砖或绑横木并夯实。将竹片（竿）固定在立柱顶端呈拱形，两端加横木埋入地下并夯实。拱架间距 1 米，并用纵拉杆连接，形成整体。拱架上覆盖薄膜，拉紧后膜的端头埋在四周的土里，拱架间用压膜线或 8 号铅丝、竹竿等压紧薄膜。这种结构大棚的优点是取材方便、造价较低、建造容易，缺点是棚内柱子多、遮光率高、作业不方便、寿命短、抗风雪荷载性能差。

（2）**混合结构大棚**　棚体结构与竹木棚相同。为使棚架坚固耐久，并能节省钢材，可采用竹木拱架和钢筋混凝土相结合，或钢拱架、竹木或水泥柱相结合。这种结构大棚的特点是钢材用量少，取材方便，坚固耐用，由于减少了立柱数量还改善了作业条件；缺点是造价略高些。

（3）**焊接钢结构大棚**　棚体结构与竹木结构的大棚相同。大棚拱架是用钢筋、钢管或两种结合焊接而成的平面衍架，上弦用 16 毫米钢筋或 19.8 毫米管，下弦用 12 毫米钢筋，纵拉杆用 9～12 毫米钢筋。大棚跨度 8～12 米、长 30～60 米、脊高 2.6～3 米，拱架间距 1～1.2 米。纵向各拱架间用拉杆或斜交式拉杆连接固定形成整体，拱架上覆盖薄膜，拉紧后用压膜线或 8 号铅丝压膜，两端固定在地锚上。这种结构的大棚，骨架坚固，抗风雪能力强，无中柱，棚内空间大，透光性好，操作方便，可机械作业。但这种棚对材料质地和建造技术要求较高，一次性投资较大，还需要对钢材进行防锈维修。1～2 年需涂刷防锈漆 1 次，比较麻烦，如果维护得好使用寿命可达 6～7 年。

（4）**镀锌钢管装配式大棚**　这种结构的大棚骨架，其拱杆、纵向拉杆、端头立柱均为薄壁钢管，并用专用卡具连接形成整体。所有杆件和卡具均采用热镀锌防锈处理，是工厂化生产的工业产品，已形成标准和规范的有 20 多种系列产品。例如，中国农业工程设计研究院设计的 GP 系列大棚、中国科学院石家庄农业现代化研究所设计的 GPG 系列大棚（图 2-1）。

这种大棚跨度 4～12 米，肩高 1～1.8 米，脊高 2.5～3.2 米，

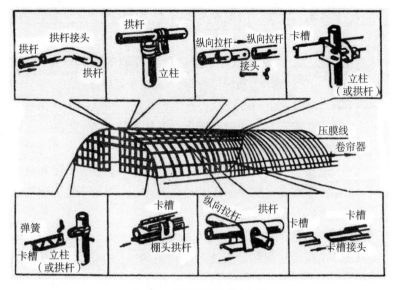

图 2-1　镀锌钢管骨架大棚

长度 20～60 米，拱架间距 0.5～1 米，纵向用纵拉杆（管）连接固定成整体。用镀锌大槽和钢丝弹簧压固薄膜，用卷帘器卷膜通风、保温幕保温、遮阳幕遮阴和降温。

这种大棚为组装式结构，建造方便，并可拆卸迁移；棚内空间大、遮光少、作业方便，有利作物生长；构件抗腐蚀性强、整体强度高、承受风雪能力强，使用寿命可达 15 年以上，是目前最先进的大棚结构形式，唯造价较高。

2. 大棚覆盖材料

（1）**普通膜**　以聚乙烯或聚氯乙烯为原料，膜厚 0.1 毫米，无色透明。使用寿命约为 6 个月。

（2）**多功能长寿膜**　是在聚乙烯吹塑过程中加入适量的防老化剂和表面活性剂制成。使用寿命比普通膜长 1 倍，夜间棚温比其他材料的高 1～2℃。而且膜表面不易结水滴，覆盖效果好，成本低，效益高。

（3）**草被、草苫** 用稻草纺织而成，保温性能好，是夜间保温材料。

（4）**聚乙烯高发泡软片** 是白色多气泡的塑料软片，宽1米、厚0.4～0.5厘米，质轻能卷起，保温性与草被相近。

（5）**无纺布** 由一种涤纶长丝不经纺织的布状物。分黑色和白色两种，并有不同的密度和厚度，常用规格为50克/米^2，除保温外还常作遮阳网用。

（6）**遮阳网** 一种塑料织丝网。常用的有黑色和银灰色两种，并有数种密度规格，遮光率各有不同。主要用于夏天遮阴防雨，也可作冬天保温覆盖用。

3. 塑料大棚的性能特点

（1）**光照** 新塑料薄膜透光率可达80%～90%，但在使用期间由于灰尘污染、吸附水滴、薄膜老化等原因，而使透光率减少10%～30%。大棚内的光照条件受季节、天气状况、覆盖方式（棚体结构、方位、规模大小等）、薄膜种类及使用新旧程度情况的不同等，而产生很大差异。大棚越高大，棚内垂直方向的辐射照度差异越大，棚内上层及地面的辐照度相差20%～30%。在冬春季节东西延长的大棚光照条件较南北延长的大棚光照条件好，局部光照条件所差无几，南北两侧辐照度相差10%～20%。不同棚体结构对棚内受光的影响很大，双层薄膜覆盖虽然保温性能较好，但受光条件比单层薄膜盖的棚减少1/2左右。一般因尘染可使透光率降低10%～20%，严重污染时棚内受光量只有7%。一般薄膜易吸附水蒸气，在薄膜上凝聚成水滴，使薄膜的透光率减少10%～30%。同时，薄膜在使用期间，由于高温、低温和受太阳光紫外线的影响使薄膜老化，老化薄膜透光率降低20%～40%，甚至失去使用价值。因此，大棚覆盖的薄膜，应选用耐温防老化、除尘无滴的长寿膜，以利棚内受光和增温，并延长使用期限。

（2）**温度** 大棚主要热源是太阳的辐射热，棚外无覆盖物时，棚内温度随外界昼夜交替和天气的阴、晴、雨、雪，以及季节变化而变化。一般在寒季大棚内日增温可达 3～6℃，阴天或夜间增温能力仅为 1～2℃。春暖时节棚内和露地的温差逐渐加大，增温可达 6～15℃。外界气温升高时，棚内增温相对加大，最高可达 20℃以上，因此大棚内存在着高温及冰冻危害，需进行人工调整。在高温季节棚内可产生 50℃以上的高温，进行全棚通风，棚外覆盖草苫或搭成"凉棚"，可比露地气温低 1～2℃。冬季晴天时，夜间最低温度可比露地高 1～3℃，阴天几乎与露地相同。因此，大棚的主要生产季节为春、夏、秋三季，通过保温及通风降温措施，可使棚温保持 15～30℃的作物生长适温。

在一天之内，清晨后棚温逐渐升高，下午逐渐下降，傍晚棚温下降最快，夜间 11 时后温度下降减缓，揭苫前棚温下降到最低点。晴天昼夜温差可达 30℃左右，棚温过高容易灼伤植株，凌晨温度过低又易发生冷害。棚内不同部位的温度状况也有差异，每天上午日出后，大棚东侧首先接受太阳光的辐射，棚东侧的温度较西侧高；中午太阳由棚顶部入射，高温区在棚的上部和南端；下午主要是棚的西部受光，高温区出现在棚的西部。大棚内垂直方向上的温度分布也不相同，白天棚顶部的温度比底部高 3～4℃，夜间棚下部温度比上部高 1～2℃。大棚四周接近棚边缘位置的温度，在一天之内均比中央部分低。

（3）湿度 塑料大棚的气密性强，所以棚内空气湿度和土壤湿度都比较高，在不通风情况下，棚内白天相对湿度可达 60%～80%，夜间经常在 90% 左右，最高达 100%。棚内空气湿度变化规律是随棚温升高湿度降低，随棚温降低湿度升高；晴天、刮风天湿度低，阴雨天湿度显著上升。春季，每天日出后棚温逐渐升高，土壤水分蒸发和作物蒸腾加剧，棚内温度加大，随着通风棚内湿度则会下降，到下午关闭门窗前湿度最低。关闭门窗后，随着温度的下降，棚面凝结大量水珠，湿度往往达饱和状态。

棚内适宜的空气相对湿度依作物种类不同而异，一般白天要求保持在 50%～60%、夜间 80%～90%。为了减轻病害，夜间空气相对湿度宜控制在 80% 左右。棚内相对湿度达到饱和时，提高棚温也可以降低湿度，如棚温为 5℃时，每提高 1℃，空气相对湿度约降低 5%；棚温为 10℃时，每提高 1℃，空气相对湿度则降低 3%～4%。由于棚内空气湿度大，土壤的蒸发量小，因此在冬春寒季要减少灌水量。大棚温度升高，或温度过高时通风，湿度下降又会加速作物的蒸腾，致使植株体内缺水而使蒸腾速度下降，或造成生理失调，因此生产中应按作物的要求保持适宜的湿度。采用滴灌技术，结合地膜覆盖，减少土壤水分蒸发，可以大幅度降低空气湿度（20% 左右）。

（4）气体条件　由于薄膜覆盖，棚内空气流动和交换受到限制，在蔬菜植株高大、枝叶茂盛的情况下，棚内空气中的二氧化碳浓度变化很剧烈。早上日出之前由于作物呼吸和土壤释放，棚内二氧化碳浓度比棚外高 2～3 倍；8～9 时以后，随着叶片光合作用的增强，可降至 100 微升/升以下。因此，日出后要酌情进行通风换气，并及时补充二氧化碳。生产中可人工补施二氧化碳气肥，浓度为 800～1 000 微升/升，在日出后至通风换气前使用。人工施用二氧化碳，在冬春季光照弱、温度低的情况下，增产效果十分显著。

此外，在低温季节大棚经常密闭保温，很容易积累有毒气体，如氨气、二氧化氮、二氧化硫、乙烯等。当大棚内氨气达 5 微升/升时，叶片先端会产生水渍状斑点，继而变黑枯死；二氧化氮达 2.5～3 微升/升时，叶片发生不规则的绿白色斑点，严重时除叶脉外全叶都被漂白。氨气和二氧化氮的产生主要是由于氮肥使用不当所致，一氧化碳和二氧化硫产生主要是用煤火加温时燃烧不完全，或煤的质量差造成的。薄膜（塑料管）老化可释放出乙烯，引起植株早衰，过量使用乙烯产品也是原因之一。为了防止棚内有害气体的积累，生产中禁止使用新鲜厩肥作基肥，也不用尚未腐熟的粪肥作追肥；严禁使用碳酸氢铵作追肥，用尿素或硫酸铵作追肥时要随水浇施或穴施后及时覆土；肥料用量要适当，不能施用过量；低温季节也要适当通风，以便排除有害气体。另外，用煤质量要好，并充分燃烧，把燃后的废气排出棚外。有条件的可采用热风或热水管加温。

（三）节能型日光温室

日光温室、大棚统称为节能型日光温室，在我国有些地区又称之为冬暖式大棚。它主要是利用太阳光给温室增加温度，从而实现冬季喜温性蔬菜生产的目的，一般无须进行人工补温。用日光温室大棚种植蔬菜，既丰富了冬季蔬菜的市场供应，又增加了菜农的经济收入，已成为农民致富增收的一条有效途径，目前山东省及黄淮海地区已大面积推广应用。

1. 节能型日光温室结构　主要由墙体、后屋面、前屋面三大部分构成，其中墙体又分为后墙和两面山墙。后墙指平行于日光温室屋脊、位于大棚北侧的墙体，山墙指垂直于日光温室屋脊的两侧墙体。墙体主要功能是保温、蓄热、支撑后屋面和前屋面。后屋面主要是指后墙与屋脊之间的斜坡，又称后坡，是用保温性能较好的材料铺制而成，后屋面的主要功能是保温。前屋面是指由屋脊至温室前沿的采光屋面，主要是由骨架、透明覆盖物和不透明覆盖物三部分构成。骨架主要起支撑作用，透明覆盖物主要用于采光，不透明覆盖物主要用于夜间保持棚内合理的温度和湿度。

2. 山东省主要推广的日光温室类型　目前，山东省推广的日光温室类型主要有山东Ⅰ型、山东Ⅱ型、山东Ⅲ型、山东Ⅳ型、山东Ⅴ型等，这5种类型的日光温室（图2-2），其主要设计参数如表2-1所示。

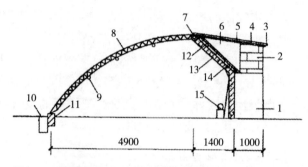

图2-2　钢筋混凝土日光温室结构示意图　（单位：毫米）

1. 土墙　2. 土坯墙　3. 红砖檐　4. 草泥　5. 细土　6. 碎草
7. 木梁　8. 桁架　9. 横拉杆　10. 防寒沟　11. 基墩
12. 苇帘　13. 钢筋混凝土弯柱　14. 木杉　15. 烟道

表2-1　山东省五种类型日光温室的设计参数

温室类型	脊高（厘米）	后跨（厘米）	前跨（厘米）	前屋面角（°）	后墙高（厘米）	后屋面角（°）
山东Ⅰ型	310～320	70～80	620～630	26.2～27.3	210～220	45
山东Ⅱ型	330～340	90～100	700～710	24.9～25.9	230～240	45
山东Ⅲ型	360～370	110～120	790～800	24.2～25.1	240～260	45～47
山东Ⅳ型	420～430	80	880～900	22.9～23.5	260～280	45～47
山东Ⅴ型	420～430	120～130	920	22.4～23.5	300～320	45～47

　　其中脊高为日光温室的高度，后跨为脊柱到后墙的距离，前跨为脊柱到前棚沿的水平距离，前屋面角指的是日光温室立柱的顶端到棚前沿之间的连线与地平面之间的夹角，后屋面角的仰角是指后屋面的延长线与地面之间的夹角。

3. 日光温室建造

（1）划线　在规划好的场地内放线定位，方法是将准备好的线绳按规划好的方位拉紧，用石灰粉沿着线绳方向划出日光温室的长度，然后确定日光温室的宽度。划线时，日光温室的长与宽之间要呈90°夹角，划好线后夯实地面就可以开始建造墙体了。

（2）**墙体建造** 日光温室大棚墙体建造有两类，即土墙和空心砖墙。

①土墙 土墙可采用板打墙、草泥垛墙的方式进行建造，生产中以板打墙为主。板打墙的厚度直接决定了墙体的保温能力，一般基部宽通常为 100 厘米，向上逐渐收缩，至顶端宽度为 80 厘米，这种下宽上窄的墙体比较坚固。目前草泥垛墙也在一些地区推广应用，这种建造方式比较经济实惠。草泥垛墙时，先将泥土与水充分混合，然后将混合好的泥巴分别累压在墙体上，草泥垛墙能够保证墙体的最佳保温效果。

②空心砖墙 为了保证空心砖墙墙体的坚固性，建造时首先需要开沟砌墙基。方法是挖宽约 100 厘米的墙基，墙基深度一般距原地面 40～50 厘米，然后填入 10～15 厘米厚的掺有石灰的二合土并夯实。之后用红砖砌垒，当墙基砌到地面以上时，为了防止土壤水分沿着墙体上返，需在墙基上面铺上厚约 0.1 毫米的塑料薄膜。在塑料薄膜上部用空心砖砌墙时，要保证墙体总厚度为 70～80 厘米，即内侧和外侧均为 24 厘米的砖墙，中间夹土填实。若两面砖墙中间填充蛭石、珍珠岩等轻质隔热材料，墙体总厚度可为 55～60 厘米，即外侧为 24 厘米的砖墙，内侧为 12 厘米的砖墙，中间填蛭石或珍珠岩等。墙身高度为 2.5 米，用空心砖砌完墙体后，外墙用砂浆抹面找平，内墙用白灰砂浆抹面。山东Ⅲ型等内跨度 9 米以上的日光温室大棚，北墙应设通风窗，即在距地面 150 厘米处，设 50 厘米×40 厘米的通风窗，在 12 月份至翌年 2 月份期间将通风窗关闭封严。

（3）**后屋面建造** 日光温室大棚的后屋面主要由后立柱、后横梁、檩条及上面铺设的保温材料 4 部分构成。

后立柱主要起支撑后屋顶的作用，为保证后屋面坚固，一般采用水泥预制件做成。在实际建造中，有后排立柱的日光温室可先建造后屋面，再建造前屋面骨架。后立柱竖起前，可先挖一个长、宽均为 40 厘米、深为 40～50 厘米的小土坑，为了保证后立柱的坚固性，可在小坑底部放一块砖，将后立柱竖立在砖上部，然后将小坑空隙部分用土填埋，并用脚充分踩实压紧。

日光温室的后横梁置于后立柱顶端，呈东西向延伸。

檩条的作用主要是将后立柱、横梁紧紧固定在一起，可采用水泥预制件做成，一端压在后横梁上，另一端压在后墙上。檩条固定好后，可在其上东西方向拉60～90根10～12号冷拔铁丝，铁丝两端固定在温室山墙外侧的土中。铁丝固定好以后，在整个后屋面上部铺一层塑料薄膜，然后将保温材料铺在塑料薄膜上。在我国北方大部分地区，后屋面多采用草苫保温材料进行覆盖，草苫覆盖好后再用塑料薄膜盖一层，为了防止塑料薄膜被大风刮起，可用些细干土压在薄膜上面，至此后屋面的建造就完成了。

（4）**骨架**　日光温室骨架结构分为水泥预件与竹木混合结构、钢架竹木混合结构和钢架结构。

①水泥预件与竹木混合结构　立柱、后横梁由钢筋混凝土柱组成，拱杆为竹竿，后坡檩条为圆木棒或水泥预制件。立柱分为后立柱、中立柱、前立柱，后立柱可选择13厘米×6厘米钢筋混凝土柱；中立柱可选择10厘米×5厘米钢筋混凝土柱，中立柱因温室跨度不同，可由1排、2排或3排组成；前立柱可由9厘米×5厘米钢筋混凝土柱组成。后横梁可选择10厘米×10厘米钢筋混凝土柱，后坡檩条可选择直径为10～12厘米圆木，主拱杆可选择直径为9～12厘米圆竹。

②钢架竹木混合结构　主拱梁、后立柱、后坡檩条由镀锌管或角铁组成，副拱梁由竹竿组成。主拱梁由直径20毫米国标镀锌管2～3根制成，副拱梁由直径为5毫米左右圆竹制成。立柱由直径为50毫米国标镀锌管制成。后横梁由50毫米×50毫米×5毫米角铁或直径50毫米国标镀锌管制成。后坡檩条由40毫米×40毫米×4毫米角铁或直径20毫米国标镀锌管制成。

③钢架结构　整个骨架结构由钢材组成，无立柱或仅有1排后立柱，后坡檩条与拱梁连为一体，中纵肋（纵拉杆）3～5根。其

中主拱梁由直径 20 毫米国标镀锌管 2～3 根制成，副拱梁由直径 20 毫米国标镀锌管 1 根制成，立柱由直径 50 毫米国标镀锌管制成。

（5）**外覆盖物**　日光温室大棚的外覆盖物主要由透明覆盖物和不透明覆盖物组成。

在山东等地区，日光温室透明覆盖物主要采用厚度为 0.08 毫米的 EVA 膜（乙烯 – 醋酸乙烯共聚物简称 EVA）。这种薄膜流滴防雾持效期大于 6 个月，寿命大于 12 个月，使用 3 个月后透光率不低于 85%。利用 EVA 膜覆盖日光温室大棚有 3 种方式，即一块薄膜覆盖法、两块薄膜覆盖法、三块薄膜覆盖法。一块薄膜覆盖法是从棚顶到棚基部用一块薄膜覆盖。其优点是没有缝隙，保温性能好；缺点是棚内温度过高需要散热时，不便于通风降温。两块薄膜覆盖法是采用 1 幅大膜和 1 幅小膜的覆盖方法。棚顶部用一幅大膜罩起来，前沿基部用一块小膜衔接起来，两块薄膜覆盖好后用压膜线固定，注意将压膜线的两端系紧系牢。其优点是寒冷季节要把 2 个薄膜接缝处交叠并压紧，大棚的保温性能就比较好，需要通风时把 2 个薄膜从接缝处拨开 1 个小口，即可通风散热。三块薄膜覆盖法是采用 1 幅大膜和 2 幅小膜的覆盖办法。顶部和基部采用 2 幅小膜，中间采用 1 幅大膜。这种方法的通风降温能力明显优于两块薄膜覆盖法，但是薄膜覆盖操作比较困难。

在山东等地区，日光温室不透明保温覆盖材料主要是草苫。草苫主要是用稻草或蒲草制作而成，山东各地以稻草制作的草苫为主，其宽度为 120～150 厘米，长度主要根据日光温室跨度而定，通常规格为 4～5 千克 / 米^2。草苫保温效果好，遮光能力强，经济实惠。目前生产中纸被、棉被、保温毯和化纤保温被等均有应用。

4. 日光温室的性能特点

（1）**光　照**

①光照强度　通常在直射光入射角为 0°、新的干净塑料薄

膜（聚乙烯或聚氯乙烯）条件下透光率可达90%左右，但在实际应用中薄膜覆盖后，透光率逐渐下降。

②光照时数　由于日光温室在寒冷季节多采用草苫或纸被等覆盖保温，而这种保温覆盖物多在日出以后揭开、在日落之前盖上，从而减少了日光温室内的光照时数。

③光照分布　一般日光温室北侧光照较弱、南侧较强，温室上部靠近透明覆盖物表面处光照较强、下部靠近地面处光照较弱。东西侧靠近山墙处，在午前和午后分别出现三角形弱光区，午前出现在东侧、午后出现在西侧，而中部全天无弱光区。

④光质　日光温室以塑料薄膜为透明覆盖材料，与玻璃温室相比光质优良，紫外线的透过率也比玻璃高，因此蔬菜产品维生素C及糖含量较高，外观品质也比单屋面玻璃温室好。但不同种类的薄膜光质有差别，聚乙烯膜的紫外线透过率最高，聚氯乙烯薄膜由于添加了紫外线吸收剂，紫外线透过率较低。

（2）温　度

①气温的季节变化　日光温室内相当于冬季的天数比露地缩短3～5个月，相当于夏季的天数比露地延长2～3个月，春秋季天数比露地分别延长20～30天。在北纬41°以南地区，保温性能好的优型日光温室几乎不存在冬季，可以四季栽培蔬菜。

②气温的日变化　日光温室内气温的日变化规律与外界基本相同，即白天气温高、夜间气温低。通常在早春、晚秋及冬季，日光温室内晴天最低气温出现在揭草苫后的0.5小时左右，温度达到最高值的时间偏东温室略早于中午12时、偏西温室略晚于中午12时，下午2时后气温开始下降，从下午2时至4时左右盖草苫时平均每小时降温4～5℃，盖草苫后气温下降缓慢，从下午4时至第二天上午8时降温5～7℃。阴天室内的昼夜温差较小，一般只有3～5℃，晴天室内昼夜温差明显大于阴天。

③气温的分布　白天温室上部气温高于下部、中部高于四

周，夜间北侧气温高于南侧。此外，温室面积越小，低温区所占比例越大，温度分布不均匀，一般水平温差为 3～4℃、垂直温差为 2～3℃。

④地温的变化 日光温室以自然光照为热源，地温也有明显的日变化和季节变化等特点。晴天的白天，在不通风或通风量不大的情况下，气温始终比地温高；夜间，一般是地温高于气温。地温升降主要是在 0～20 厘米的土层里。在一天中地温最高值和最低值的出现时间随深度而异，5 厘米地温最高值出现在下午 1 时，10 厘米地温最高值在下午 2 时，最低值出现在揭开草苫之后。所以，一天中上午 8 时至下午 2 时为地温上升阶段，下午 2 时至第二天 8 时为地温下降阶段。晴天室内平均地温随深度的增加而下降，阴天室内平均地温随深度的下降而上升。如果白天以下午 2 时地温为代表，夜间以晚 8 时地温与翌日上午 8 时地温的平均值为代表，则白天地面温度最高，随深度的增加而递减。夜间 10 厘米地温最高，由 10 厘米向上、向下递减。从地温分布来看，不论水平分布、垂直分布均有差异，南北方向上的地温梯度明显，以中部地温最高，向南、向北递减，前底脚附近比后屋面下低。东西方向上的地温差异比南北方向上小，主要是靠近山墙处的边界效应以及山墙上开门的影响造成的差异，所以温室越长其相对差异越小。生产中建造日光温室长度最好在 50～60 米及以上。

（3）空气湿度

①空气湿度大 日光温室内空气绝对湿度和相对湿度均比露地高。空气湿度过大，加上弱光，易引起植株徒长，影响开花结实，还易发生病害，因此生产中应注意防止空气湿度过大。

②空气湿度日变化 白天中午前后温室内气温高，空气相对湿度较小，通常为 60%～70%。夜间由于气温的迅速下降，空气相对湿度也随之迅速增高，可达到饱和状态。

③局部湿差大 设施容积大，空气湿度及其日变化较小，但

局部湿差较大；反之，空气相对湿度不仅易达到饱和，而且日变化剧烈，但局部湿度较小。

④植株易于沾湿　空气湿度大，作物表面结露吐水、覆盖物表面水珠下滴及室内产生雾等原因，植株表面常常沾湿，易引发多种病害。

（4）气体条件

①二氧化碳　二氧化碳是蔬菜作物光合作用的主要原料。夜间是日光温室二氧化碳积累的过程，植物、土壤微生物呼吸和有机物分解是二氧化碳的主要来源，在大量施用有机肥的温室里，翌日早晨空气中二氧化碳浓度可以达到 1 500～2 300 微升／升。揭苫后作物开始光合作用，二氧化碳被逐渐消耗，实测表明上午 11 时左右二氧化碳浓度仍可保持约 700 微升／升，远高于自然界 300 微升／升的水平，一般不会出现二氧化碳饥饿，所以施用有机肥充足的日光温室无须补充二氧化碳。

在冬春季光照弱、温度低且有机肥施用量不足的日光温室，在日出后至通风换气前人工补施二氧化碳气肥，浓度为 800～1 000 微升／升，增产效果十分显著。

②有害气体　日光温室里的有害气体主要是氨气、亚硝酸、二氧化硫、乙烯、氯气等，实际上还应包括弱光、低温下的高二氧化碳危害。氨气和亚硝酸气主要是由于过量施用有机肥、铵态氮肥或尿素（特别是在土壤表面施用过量）而致，乙烯和氯气主要是由不合格的农用塑料制品中挥发出来的。

二、设施蔬菜栽培的土壤特性与肥力要求

（一）土壤特性

1. 水、气、热状况

（1）含水量高　棚室中空气相对湿度一般为 90% 左右，因

而土壤比露地湿润。保护地土壤水分的主要来源是畦沟渗透的灌溉水或随毛管上升的地下水，土壤蒸发损失很少，因此能在较长时间内保持一定的土壤含水量。

（2）**氧气含量少，二氧化碳浓度相对较大**　设施栽培，根系呼吸作用消耗氧气并释放出大量二氧化碳气体，由于棚室密闭致使土壤中氧气浓度相对较小、二氧化碳浓度则相对较大。此外，还有二氧化硫、氨气等一些有害气体存在。

（3）**温度较高**　受温室效应的影响，棚室地温高于露地，冬季可高出 15～20℃，地膜覆盖地温更高，这种增温效果在冬季和早春尤为明显。

2. 土壤理化性质

（1）**土壤物理状况较好**　由于设施栽培一般采用沟灌、滴灌等节水灌溉方式，通过渗透作用而浸湿土壤，避免了大水漫灌或雨水冲积而造成的土壤板结，土壤保持疏松状态，通气性好。此外，地膜覆盖的土壤，还有利于团粒结构的培育，从而改善土壤的物理性质。

（2）**土壤有机质含量高**　设施土壤生物积累量较多，腐殖化作用一般大于矿化物质，而且施用有机肥量大，因此土壤有机质（腐殖质）含量多在 30 克 / 千克以上，高于露地土壤。

（3）**土壤表层盐分浓度高**　设施土壤具有半封闭的特点，不存在自然降雨对土壤的淋溶作用，土壤中积累的盐分难以下渗。同时，设施内作物生长旺盛，土壤蒸发和作物蒸腾作用均比露地强，盐分被水带到土壤表层，加重了表层土壤盐分的积累。

（4）**土壤容易酸化**　设施种植蔬菜茬数多，氮肥特别是硫酸铵施用量过大时会引起土壤酸化，不仅影响作物对营养元素的吸收，而且直接危害蔬菜生长发育。多数蔬菜生长的适宜土壤 pH 值以 6～7.5 为宜，介于微酸性至中性之间（表 2-2）。

表 2-2　蔬菜生长适宜的土壤 pH 值范围

蔬菜种类	最适 pH 值	蔬菜种类	最适 pH 值
萝卜	7～7.5	西瓜	5～7
胡萝卜	5.3～6	甜瓜	6～6.8
番茄	6～7	丝瓜	6～6.5
黄瓜	5.5～7.6	苦瓜	5.5～6.5
花椰菜	6～6.7	南瓜	6.5～7.5
甘蓝	5.5～6.7	冬瓜	5.5～7.6
菠菜	5.5～7	西葫芦	5.5～6.8
芹菜	6～7.6	白菜	6.5～7
辣椒	6.2～7.2	莴苣	6
茄子	6.8～7.3	大蒜	5.6～6
豇豆	6.2～7	葱	7～7.4
菜豆	6.2～7	大头菜	6～7
豌豆	6～7.2	马铃薯	5.5～6.5
甘薯	5～7	魔芋	6.5～7.5
芜菁	5～6.8	生姜	6.5

（5）**土壤微生态环境恶化**　设施土壤环境处于高温高湿状态，这种环境既有利于蔬菜生长的一面，也有不利的一面，如土传病害及虫害易于传播和蔓延，而且很难防治。

（6）**发生连作障碍**　设施栽培品种比较单一，往往不注意轮作换茬，不仅造成土壤养分比例失调，还加重了病虫害的发生。

（二）土壤连作障碍及防控措施

1. 土壤连作障碍表现　连作障碍是指同一种或同一类蔬菜连年种植而导致土壤营养失衡、病虫危害加重、蔬菜产量和品质明显下降的现象。这种现象在蔬菜种植基地最为普遍，不仅发生在同一种蔬菜的连年种植，甚至还包括亲缘关系较近的同科作物连年种植，如辣椒、茄子、番茄等茄科作物连年种植，白菜、萝卜、油菜等十字花科蔬菜连年种植等。其主要表现在以下几方面。

（1）**土壤化学性质恶化** 由于连年采取同一农艺措施、施用同一类化肥，尤其是浅耕、土表施肥、淋溶不充分等情况下，导致土壤结构破坏、肥力衰退、土表盐分积累，加之同一种蔬菜的根系分布范围及深浅一致，吸收的养分相同，极易导致某种养分因长期消耗而缺乏，如钾、钙、镁、硼等缺素症出现。另外，在设施栽培特定条件下，还易导致土壤酸化，影响作物正常生长和品质下降。

（2）**病虫危害严重** 反复种植同类蔬菜作物，土壤和蔬菜的关系相对稳定，使相同病菌、虫卵大量积聚，尤其是土传病害和地下害虫危害严重。

（3）**土壤生态变差** 随着植物根系向土壤中分泌对其生长有害的有毒物质的积累，"自毒"作用被强化，加之土壤酶活性变化，土壤有益菌生长受到抑制，不利于植物生长的微生物数量增加，导致土壤微生物菌群的失衡，影响作物正常生长。

2. 土壤连作障碍防控措施

（1）**选用抗性品种** 选用对病虫害（如番茄枯萎病、黄萎病、根结线虫病）具有高抗或多抗的蔬菜品种。

（2）**嫁接育苗** 利用抗性强的砧木进行嫁接育苗，可极大地增强蔬菜抗病性，对土传病害的效果达80%～100%，同进还提高了抗寒性、耐热、耐湿性和吸肥能力，进而提高产量。番茄嫁接育苗可以防治青枯病、褐色根腐病等病害，黄瓜嫁接育苗可以防治枯萎病、疫病等，而且耐低温能力显著增强。嫁接栽培增产效果十分明显，番茄嫁接栽培可增产20%～120.9%，黄瓜嫁接栽培可增产21%～46.8%。

（3）**合理轮作**

①水旱轮作 水旱轮作既可防治土壤病害、草害，又可防止土壤酸化、盐化。如夏秋种水稻，冬春种蔬菜，种植水稻使土壤

长期淹水，既可有效控制土传病害，还可水洗酸、以水淋盐、以水调节微生物群落，防治土壤酸化和盐化。生产实践证明，水旱轮作是克服连作障碍的最佳措施。

②旱地轮作　旱地轮作可以防治或减轻蔬菜作物病虫危害，这是因为危害某种蔬菜的病菌，未必危害其他蔬菜。旱地轮作中，粮菜轮作效果最好，亲缘关系越远轮作效果越好。如茄果类、瓜类、豆类、十字花科类、葱蒜类等轮流种植，可使病菌失去寄主或改变生活环境，达到减轻或消灭病虫害的目的，同时还改善了土壤结构。

（4）土壤消毒

①热水消毒　此技术是日本农业科技人员开发出来的。具体做法是，用85℃以上的热水浇淋土壤，杀灭土壤中的病原菌和害虫及虫卵，这种方法简单有效，而且不改变土壤的理化性质，无任何污染。日本现在已经开发出烧水和浇水专用车，在蔬菜地里大规模使用。在我国由于农户的承受能力和可操作性有局限，热水消毒的方法仅限于在苗床地使用。

②高温焖棚　在设施栽培条件下，炎夏高温季节，耕翻土地后，覆盖地膜密闭设施，使温度达到50℃以上，可以有效地杀灭部分土传病害和虫卵。这种方法简便易行，适宜广大种植者使用。

③石灰氮消毒　石灰氮可纠正土壤酸化，施用后盐基浓度不上升，还可除草、杀灭病虫害。

④土壤消毒药剂　土壤连作障碍的主要表现之一就是土传病害严重，使用药剂进行土壤消毒，可以在一定程度上消除或减弱土壤连作带来的危害。现在市场上土壤消毒药剂主要有噁霉灵、多·福·福美锌、敌磺钠等。

（5）合理施肥

①合理施用化肥　化学氮肥用量过高，土壤可溶性盐和硝酸盐将明显增加，病虫危害加重，产量降低，品质变劣。因此，在增施有机肥的基础上，合理施用化学肥料，可以在一定程度上减

轻连作障碍。

②增施有机肥　在合理施用化肥的同时，增施有机肥也是减轻和延缓蔬菜连作障碍的措施。增施有机肥可有效改善土壤结构，增强保肥、保水、供肥、透气、调温的功能，增加土壤有机质和氮、磷、钾及微量元素含量，提高土壤肥力效能和土壤蓄肥性能，增强土壤对酸碱的缓冲能力，提高难溶性磷酸盐和微量元素的有效性。在土壤营养元素缺乏种类不明确的情况下，大量施用有机肥可以有效地克服连作造成的综合缺素症状。

③推广配方施肥　按计划产量和土壤供肥能力，科学计算施肥量，由单一追施氮肥改为复合肥，并注重微肥的施用，基肥中要包括锌、镁、硼、铁、铜等元素。

④施用生物肥　施用生物肥可增加土壤中有益微生物，明显改善土壤理化性状，显著提高土壤肥力，增加植物养分的供应量，促进植物生长。

（6）**灌水淹田**　蔬菜采收结束后，需要再次种植蔬菜的田块，利用夏秋多雨季节进行灌溉，将土壤浸泡 7～10 天，可以有效地降低土壤盐分，杀灭部分蔬菜病菌和害虫。这种方法在蔬菜基地比较适用。

（7）**改进灌溉技术**　设施蔬菜采用膜下滴灌，可以改善土壤的生态环境，提高蔬菜作物的抗病性。

（8）**施用生物制剂**　现在市场上防治土壤连作障碍的生物制剂较少，主要有重茬剂和恩益碧（NEB）等。这些药剂可促进作物根际有益微生物群落大量繁殖，抑制有害菌生长，减少病菌积累，调节营养失衡和酸碱失调，提高根系活力，增强抗性。

（三）土壤肥力要求

1. 土壤质地疏松，有机质含量高　菜田土壤腐殖质含量应在 3% 以上，蓄肥保肥能力强，能及时供给蔬菜不同生长阶段所需的养分。土壤应经常保持水解氮 70 毫克 / 千克以上，代换性钾 100～150 毫克 / 千克，速效磷 60～80 毫克 / 千克，氧化镁 150～240 毫克 / 千克，氧化钙 0.1%～0.14%，同时含有一定量可给态的铁、锰、锌、铜、钼、硼等微量元素。

2. 土壤保水供水和供氧能力强　蔬菜作物根系需氧量高，土壤含氧量在 10% 以下时，根系呼吸作用受阻，生长不良，尤其是甘蓝类、黄瓜等蔬菜，在含氧量 20%～24% 及以上时生长良好。蔬菜作物供食器官含水量高，正常生长要求土壤相对含水量为 60%～80%。土壤供水和通气性取决于土壤中三相分布，适于栽植蔬菜的孔隙度应达到 60% 左右。在土壤含水量达到田间最大持水量时，土壤仍要保持 15% 以上的通气量，深 80 厘米土层处应保持 10% 以上通气量。这样才能保证蔬菜根部正常生长和代谢所需的氧气量。

3. 促进根系生长，提高根系代谢能力　根系在土体中的分布在很大程度上受土壤环境影响，如土壤水分、空气、土壤紧实度、温度等因素都影响根系生长。适宜的土壤容重为 1.1～1.3 克 / 厘米^3，当土壤容重达 1.5 克 / 厘米^3 时根系生长受到抑制。土壤翻耕后，硬度应保持在 20～30 千克 / 厘米^2 范围之内，才能促进根系生长。根系的呼吸作用、氧化力、酶活性和离子代换力等可作为根部代谢强弱的标准，而根系盐基代换量、氧化力、酶活性可作为衡量根系活力的主要标志，一般根系吸收能力与根的盐基代换量呈正相关。蔬菜作物的阳离子代换量均较高，尤其是黄瓜、莴苣、芹菜等蔬菜的代换量更高，因此菜田土壤中必须有足够的钙、镁等盐基含量。

4. 土壤稳温性能好　土壤温度对种子发芽和植株生长有很大影响，多数蔬菜适宜的 10 厘米地温为 13～25℃，在适宜温度范围内，地温偏低些有利于生根。土壤温度除了对根系生长直接影响外，还是土壤中生物化学作用的动力，没有一定热量条件土壤微生物的活动、土壤养分的吸收和释放均不能正常进行。一般好的土壤，其稳温性能较强，低温时降温慢，高温时升温慢。土壤养分含量越高，土壤温度状况对土壤养分有效化和植物吸收营养过程影响越大。这种影响主要通过土壤胶体活性作用来实践。土壤溶液中离子的活性和温度密切相关，温度高离子活性强，低温则弱。因此，在一定温度范围内，温度偏高土壤胶体吸收和保蓄养分能力减弱，即高温时土壤释放养分多，从而增加了土壤溶液浓度；低温时则相反，土壤胶体吸附养分多，因而降低了土壤溶液浓度。好的土壤稳温性能好，使土壤胶体处于较稳定的土壤热状况，吸收和释放养分保持一个适宜的比例，既能满足植物对养分的需要，又不使土壤养分过度淋溶损失。

5. 土壤中不存在有毒物质　一般植物根际土壤含有大量的根分泌物，主要有碳水化合物、有机酸、氨基酸、酶、维生素等有机化合物和一些钙、钾、磷、钠等无机化合物。不同植物的根际分泌物种类和分泌量不同，二氧化碳占根分泌物中较大比例，由二氧化碳形成碳酸是根吸收养分的代换基质。根部分泌的有机、无机化合物等都是天然微生物养分的来源之一，根分泌的各种酶类，积聚在根际周围，对土壤养分转化起重要作用。

（四）土壤养分及其作用

土壤养分是土壤肥力中最重要的因素。蔬菜作物生长发育所需的营养元素，除来自空气和水的碳、氢、氧外，其他均来自于土壤，主要有氮、磷、钾、钙、镁、硫、铁、锰、锌、铜、钼、硼、氯等13种，主要来源为人工施肥、根茬残留或秸秆还田、生物固氮、根系富集等。

1. 碳、氢、氧　这3种元素在植物体内含量最多，占植物干重的90%以上，是植物有机体的主要组成，它们以纤维素、半纤维素和果胶质等碳水化合物形式存在，是细胞壁的组成物质，还可以构成植物体内的活性物质（如某些纤维素和植物激素），也是糖、脂肪、酸类化合物的组成成分。此外，氢和氧在植物体内生物氧化还原过程中起到很重要的作用。由于碳、氢、氧主要来自空气中的二氧化碳和水，生产中一般不考虑肥料的施用问题，但设施栽培则要考虑施用二氧化碳气肥。

2. 氮 氮是植物体内许多重要有机化合物的成分，在植物体内起调节各种生理的作用，促进营养物质的合成、转化和运输，促进作物生长发育，影响产品的品质和产量。氮是蛋白质的重要构成成分，蛋白质中含氮16%～18%，植物细胞的形成、分裂和生长都是在蛋白质的不断分解和合成中进行，是生命的基本物质，没有氮就没有生命现象；氮是核酸和核蛋白的成分，核酸和核蛋白在植物生活和遗传变异过程中起着特殊作用；氮是叶绿素的重要成分，植物通过叶绿素在阳光下进行光合作用制造营养物质，氮素的丰缺直接影响植物体内叶绿素的含量和光合作用的强弱；氮是多种酶的组分，酶是植物体内一切生化反应和新陈代谢过程的催化剂，氮通过酶间接影响着植物的生长发育；氮素也是一些维生素、生物碱（如烟碱、茶碱）和植物激素的成分。

3. 磷 磷是植物体内许多有机化合物的组成成分，又以多种方式参与植物体内的各种代谢过程，在植物生长发育中起着重要的作用。磷是核酸的主要组成部分，核酸存在于细胞核和原生质中，在植物生长发育和代谢过程都极为重要，是细胞分裂和根系生长不可缺少的。磷是磷脂的组成元素，是生物膜的重要组成部分。磷还是其他重要磷化合物的组成成分，如三磷酸腺苷（ATP）、各种脱氢酶、氨基转移酶等。磷具有提高植物抗逆性和适应外界环境条件的能力。

4. 钾 钾不是植物体内有机化合物的成分，主要呈离子状态存在于植物细胞液中。钾是蛋白质合成所必需的，是多种酶的活化剂，在代谢过程中起着重要作用，不仅能促进光合作用，还可以促进氮代谢，提高植物对氮的吸收和利用。钾调节细胞的渗透压，调节植物生长和经济用水。钾促进有机酸代谢，提高植物的抗旱、抗寒、抗倒伏、抗病虫害能力。钾还可以改善农产品品质。缺钾使植物光合作用减弱，呼吸作用增强，碳水化合物供应减少。

5. 钙、镁、硫 钙能稳定生物膜结构，保持细胞完整性，在植物离子选择性吸收、生长、衰老、信息传递及植物抗逆性方面有重要作用。钙对细胞壁和细胞膜的合成和稳定有重要作用，有利于茎叶生长；钙是酶的活化剂，能促进硝态氮的吸收，抑制细菌的侵染，提高果品的贮存期；钙有利于碳水化合物的运转，能中和体内有机酸，可减轻土壤中钠、铝过多引起的毒害作用；钙通过改善根系生长状况，刺激微生物活性，提高钼和其他养分的吸收。镁是叶绿素的组成成分，叶绿素 a 和叶绿素 b 中都含有镁，对植物光合作用、碳水化合物的代谢和呼吸作用具有重要意义。镁可促进磷的吸收与运输，促进根瘤菌的活动，有利于豆科作物生长，促进合成维生素，改善果品和蔬菜的品质；镁还是根系从土壤中吸收其他养分的调节剂。硫是构成蛋白质和某些植物油的重要组分。硫可提高酶的活性，促进体内代谢，刺激根和种子的生长，影响淀粉的形成；硫对叶绿素的形成有一定作用；硫是固氮酶的组分之一，能促进豆科作物根瘤的形成，增加固氮能力，提高产量；硫参与合成维生素，促进根系生长。

6. 微量元素 一般植物对微量营养元素的需要量很少，主要包括铁、锰、铜、锌、硼、钼、氯等 7 种，其中铁为干物质重的 0.3% 左右。大多数微量元素在植物体内不能转移和被再利用，微量元素的缺乏症状表现在新生组织上面。铁是某些蛋白质和很多酶的组成成分，参与叶绿素和核糖核酸的合成，对氧化还原过程、呼吸作用等起催化作用。硼与蛋白质、木质素的合成有关，参与碳水化合物的转化、运输，调节水分吸收和养分平衡及体内的氧化还原过程；促进细胞分裂、伸长，促进生殖生长，有利于开花结果，增强植物的抗逆性。锰与许多酶活动有关，参与氮的转化、碳水化合物的运转等；影响叶绿素的形成，参与光合作用的放氧过程，能加速萌发和成熟。铜是植物体内许多氧化酶的成分，或是某些酶的活化剂，参与许多氧化还原反应，还参与光合作用，影响氮的代谢，促进花器官的发育。锌是许多酶的组成成分，对蛋白质合成、碳水化合物的转化等均有重要作用；参与生长素的合成，促进生殖器官发育和提高抗逆性；参与叶绿素的形成，促进光合作用中二氧化碳的固定，有利于植物对氮、磷的利用。钼是固氮酶的成分，与豆科作物根瘤菌固氮有关；参与氮、磷和碳水化合物的转化和代谢，促进光合作用；植物吸收氮素后转化成蛋白质需要钼参与，在呼吸代谢中有一定作用。氯刺激酶的活性，影响碳水化合物的代谢和体内组织的蓄水能力；参与光合作用，调节气孔的开闭，增强作物对某些病害的抑制能力；调节细胞渗透压和平衡阳离子；加速作物成熟。

（五）影响蔬菜作物吸收养分的因素

1. 土壤结构 要使土壤中水、肥、气、热协调，土壤中的三相比例必须适当。菜田土壤中固相、液相、气相的三相比以 50：25：25 较为合适。一般沙土颗粒较粗，非毛管孔隙大，因此通透性好，容易耕种，土温高，出苗快；但保肥能力差，后期容易脱肥，根部老化快，植物易于早衰，适宜种植根菜类和薯芋类蔬菜。黏土颗粒细，毛管孔隙多，通透性差，保水保肥力强，但植株生长慢，有时会贪青生育延迟。土壤孔隙度在 60% 左右，毛管孔隙与非毛管孔隙比例适当，是较理想的菜田土壤。

2. 土壤酸碱度 蔬菜作物能吸收的养分是土壤溶液中的养分，而土壤 pH 值可影响土壤溶液的养分状态。土壤溶液偏碱性而且逐渐加强时，土壤中的磷、镁、锌、铜、铁逐渐形成不溶解状态，有效性降低，植物吸收量减少。土壤 pH 值为 6～8 时，有效氮含量较高；pH 值为 6.5 左右时，磷的有效性最高；pH 值大于 6 时，土壤的钾、钙、镁含量高；pH 值 4.7～6.7 时，硼有效性高；pH 值大于 7 时，硼的可溶性明显降低。在碱性土壤中，钼被释放。锰、锌、铁、铜在中性或偏碱性条件下，可溶性降低，甚至沉淀，导致锰、锌、铁、铜缺乏。多数蔬菜适宜在 pH

值 5～6.8 的微酸性土壤环境中生长发育。

3. 土壤空气 土壤中空气含量状况可以影响土壤中有效养分的含量。土壤通气性良好时养分易分解，有效养分含量较高；土壤通气性不良时养分有效性降低，在嫌气条件下还会分解出对植物有害的物质。

4. 土壤水分 土壤水分直接影响到矿物质元素的吸收与利用。但是土壤水分过多会影响土壤的通气性，从而影响养分分解。土壤含水量以田间最大持水量的 60%～80% 较为适宜。在干旱季节，施肥后不配合适当的浇水，肥料不溶解蔬菜不能吸收，降低肥料利用率。土壤中水分过多或过少，会影响蔬菜根部正常生长和对养分的吸收。

5. 土壤溶液浓度 土壤溶液浓度很低时，根系吸收矿质元素的速度随着浓度的增加而增加，但达到某一浓度时，再增加离子浓度根系对离子的吸收速度不再增加。土壤溶液浓度过高，会引起水分的反渗透，导致"烧苗"，对蔬菜造成危害。所以，土壤过度施用化肥，或叶面喷施化肥及农药浓度过大，均会引起植物死亡，应当加以避免。

6. 土壤温度 土壤温度（地温）对土壤养分的有效性和根系对养分的吸收有较大的影响。大多数植物根系吸收养分的适宜 10 厘米地温为 15～25℃。在 0～30℃ 范围内，随着温度的升高，根系吸收养分的速度加快，吸收数量也增加。高温（40℃以上）使酶钝化，从而影响根部代谢；高温易导致根尖木栓化加快，减少吸收面积；高温还能引起原生质透性增加，使被吸收的矿质元素渗漏到环境中去，养分吸收数量明显减少。低温影响植物对磷、钾的吸收比氮明显，10 厘米地温低于 10℃ 时，根系对磷的吸收比较困难。早春育苗和越冬种植蔬菜时，常会出现磷营养不足，因此增施磷肥对提高幼苗质量和早期产量有明显的效果。不同形态的氮素对温度反应不同，在过高或过低的温度条件下，根部对硝态氮的吸收量大幅度下降。10 厘米地温 25℃ 以上时，茄子对硝态氮的吸收量急剧下降，番茄对铵态氮和硝态氮吸收量均下降，但硝态氮吸收量下降速度快，铵态氮受影响较小。

7. 光照 植物根系吸收养分的数量和强度受地上部向地下部供应的能量控制。植物吸收养分是一个耗能过程，光照充足时光合作用强度大，产生的生物能多，养分吸收的就多。有些营养元素还可以弥补光照的不足，如钾肥就有补偿光照不足的作用。光由于影响到蒸腾作用，因而也间接影响到靠蒸腾作用而吸收的养分离子，低光照强度下硝酸还原酶的活性降低，易引起硝酸盐的积累。

8. 养分离子间的相互作用 作物通过根系受土壤溶液中各种离子的影响，这些养分离子间的相互作用对根系吸收养分的影响极其复杂，主要有养分离子间的拮抗作用和协同作用。

（1）拮抗作用 所谓养分离子间的拮抗作用是指在土壤溶液中某种养分离子的存在，能抑制植物对另一种或多种养分离子的吸收，这对作物吸收养分是不利的。常见的有氮与钾、钾与镁、铁与锰、磷与锌之间的拮抗。在酸性土壤中氮肥施用不宜过多，否则作物吸收钙离子就困难；在缺钾的沙性土壤中，氮肥与钾肥应配合施用，但钾肥一次施用不能过多，因为钾离子对钙、镁和铵的吸收也会产生拮抗作用，钾施多了，会引起植物缺钙、缺镁。此外，生产中还存在硝酸根离子与磷酸根离子之间的拮抗作用，因此施用硝态氮肥时应增施磷肥。作物缺磷时，由于过量施用氮肥而诱发作物缺锌，这也是拮抗作用的典型例证。

（2）协同作用 所谓养分离子的协同作用是指某种养分离子的存在，能促进根系对另一些养分离子的吸收，这对作物吸收养分是有利的。例如，镁离子是许多酶的活化剂，参与三磷酸腺苷（ATP）、磷脂、核糖核酸（RNA）、脱氧核糖核酸（DNA）等化合物的生物合成，它的存在能促进磷的吸收和同化。阴离子对阳离子的吸收一般都具有协同作用，如氮肥与钾肥配合施用即是一例。不同元素（离子）间产生协同作用或拮抗作用因条件而异，某一浓度下元素（离子）间的拮抗作用关系，可在另一浓度下变为协同作用，如钙、钾离子在一般浓度下是拮抗作用关系，而在极低浓度下由于钙离子对根细胞质膜的作用，则能促进对钾离子的吸收。

（3）**主要养分离子间的相互作用**　磷和镁有协助吸收关系，磷过多会阻碍钾的吸收，并造成锌固定而引起缺锌，同时阻碍铜和铁的吸收；钾促进硼的吸收，协助铁的吸收。钾过多阻碍氮的吸收，抑制钙、镁的吸收，严重时引起脐腐病和叶色黄化；锰对氮、钾、铜有互助吸收的作用，锰过多抑制铁的吸收，并会诱发缺镁，适量的铜供应能促进锰、锌的吸收；锌过量会抑制锰的吸收，降低磷的有效性。钾、钙、氮、磷某一元素过剩，会影响锌的吸收；镁和磷具有很强的互助依存吸收作用，可使植株生长旺盛，雌花增多，并有助于硅的吸收，增强作物的抗病性和抗逆能力；镁和钾具有显著的互抑作用，镁过多茎秆细、果实小，还易滋生真菌性病害。钙和镁有互助吸收作用，可使果实早熟，硬度好、耐贮运；钙过多阻碍氮、钾的吸收，易使新叶焦边，茎秆细弱，叶色淡。镁可以消除钙的毒害；硼可以促进钙的吸收，增强钙在植物体内的移动性。硼过多会抑制氮、钾的吸收。

总之，了解营养元素之间的相互作用并在农业生产中加以应用，可通过合理施肥，充分利用离子间的协同作用，避免出现拮抗作用，以达到增产的目的。

三、设施栽培环境调控技术

（一）光照环境调控

1. 加强管理，改善光照条件　①保持透明屋面清洁干净，经常清除灰尘，以增加透光；适时通风减少结露，以减少光的折射率，提高透光率。②在保温前提下，覆盖材料尽可能早揭迟盖，增加光照时间。在阴、雨、雪天也应揭开不透明覆盖物，在确保防寒保温的前提下揭开时间越长越好，以增加散射光的透光率。③适当稀植，种植行向以南北行向为好。若是东西行向，则行距要加大。④加强植株管理，对黄瓜、番茄等高秧作物适时整枝打杈、吊蔓或插架。进入盛产期时还应及时摘除下部老叶，以免叶片相互遮阴。⑤张挂反光膜。反光膜是指表面镀有铝粉的银色聚酯膜，幅宽 1 米、厚 0.005 毫米以上，在早春和秋冬季挂在日光温室距后墙 50 厘米左右的地方，以改善棚室光照条件，增加室内温度。⑥选用透光率高、防雾滴且持效期长、耐老化性强的优质多功能薄膜、漫反射节能膜、防尘膜、光转换膜。

2. 人工补光　为满足作物光周期的需要，当黑夜过长而影响作物生长发育时应进行人工补光。另外，为了抑制或促进花芽分化，调节开花期，也需要人工补光。这种补充光照要求的光照强度较低，称为低强度补光。北方地区冬季阴雪天气自然光不足，需要补光作为光合作用的能源，这种补光要求光照强度大，补光成本较高，生产中很少采用，主要用于育种、引种和育苗。

3. 遮光　遮光是为了降低温度和减弱保护地内的光照强度。初夏的中午前后，光照过强、温度过高，超过作物光饱和点，对生长发育有影响时应进行遮光；育苗移栽后为了促进缓苗，通常也需要进行遮光，遮光 20%～40% 能使室内温度下降 2～4℃。遮光材料要求有一定的透光率、较高的反射率和较低的吸收率，生产中主要利用覆盖各种遮阳物，如遮阳网、无纺布、苇帘、竹帘等进行遮光。

（二）温度环境调控

1. 保温　①把日光温室建成半地下式或适当降低室内高度，以缩小夜间保护设施的散热面积，利于提高室内气温和地温。②设置防寒沟。在棚室前沿外侧挖深 60～120 厘米、宽 30～40 厘米的地沟，沟四周铺上旧薄膜，沟内填柴草、锯末、碎秸秆等导热率低的材料，沟顶部覆盖15厘米厚的土层并踩实，可减少横向热量传导损失。③增加防寒层。即采用多层覆盖，可在温室内设置保温幕及小拱棚。在保温被和棚膜之间覆盖一层旧棚膜，可以使棚室温度提高4～5℃。如果是育苗的小棚，还可以在距苗床高1米处扎小拱棚。④覆盖保温被。目前主要有针刺毡保温被、腈纶棉保温被、泡沫保温被、混凝土保温被，有的地方仍然采用草苫覆盖保温。⑤减少通风换气量，可以减少棚室内的热量散失，达到保温效果。⑥采用高垄覆膜栽培，多施有机肥，有机肥在分解过程中释放大量热量，可提高室内温度。⑦尽量用温室内预热的水浇灌，阴天或夜间不浇水。

2. 增　温

（1）热水采暖（暖气）　热水采暖系统由热水锅炉、供热管道、散热器3部分组成。热水采暖系统运行可靠，温室内热稳性好，即使性能系统发生故障临时停止供暖，2小时内也不会对作物造成大的影响，是温室常用的增温方式。

（2）热风采暖　热风增温系统由热源、空气换热器、风机和送风管道等组成。热源可以是燃煤、燃油装置或电加热器，也可以是热气或水蒸气。热风加热的优点是温度分布均匀，热惰性小，易于实现温度调节，设备投资少；缺点是运行费用和耗电高于热水采暖。

（3）电热采暖　除用电加热热风增温外，也可用电加热直接采暖。该法清洁、方便，但费用较高，在试验温室中有少量使用，生产中应用较少。另一种电加热方式是采用电热线提高地温，应用于需热量少、无其他热源的南方地区，低温季节育苗采用较多。

（4）火道加温　火道加温是一种最简便的采暖方式，投资少，建造方便，是农户经常采用的增温措施。在温室内墙留下火道，发生寒害时以秸秆、柴草和树叶等为燃料加热墙体，可使日光温室升温8～9℃。

（5）临时加温　遇寒流等恶劣天气，室内夜间温度低于6℃

时需进行临时加温。可采用电炉、电暖气、浴霸增温加光灯等进行电加温，也可采用由酒精或其他醇类燃料作为热源的"温室大棚增温器"。酒精燃烧成本较低，而且燃烧过程中基本不产生有毒气体。

3. 降温

（1）**通风换气**　自然通风换气是棚室内降温的最简单途径。大型日光温室因容积大，在温度过高、依靠自然通风不能满足蔬菜生育要求时，必须利用风机强制通风降温。

（2）**遮光降温**　一般遮光 20%～30% 时室温可降低 4～6℃。在距棚室屋顶部约 40 厘米处张挂遮光幕，降温效果较好。遮光幕的质地以温度辐射率越小越好。考虑到塑料制品的耐候性，一般将塑料遮阳网做成黑色或墨绿色，也有的做成银灰色。温室内用的白色无纺布保温幕（透光率在 70% 左右），也可兼作遮光幕用，可降温 2～3℃。

（3）**屋面流水降温**　流水层可吸收投射到屋面太阳辐射的 8% 左右，并能用水吸热来冷却屋面，室温可降低 3～4℃。采用此方法时需考虑安装费和清除棚室表面的水垢污染问题，水质硬的地区还需对水进行软化处理。

（4）**喷雾降温**　通过喷雾使空气先经过水的蒸发而冷却降温，然后送入室内，以达到棚室降温的目的。

①细雾降温法　在室内高处喷以直径小于 0.05 毫米的浮游性细雾，用强制通风气流使细雾蒸发而达到全室均匀降温。

②屋顶喷雾法　在整个屋顶外面不断喷雾湿润，使屋面下冷却了的空气向下对流。

（三）空气湿度调控

1. 除湿

（1）**通风换气**　密闭设施是造成高湿的主要原因，不加温时通风降湿效果显著。一般采用自然通风，通过调节通风口大小、时间长短和通风口位置，达到降低室内湿度的目的。有条件的可采用强制通风，操作时由风机功率和通风时间计算出通风量，便于控制湿度。

（2）**加温除湿**　湿度控制既要考虑作物的同化作用，又要注意病害发生和消长的临界湿度。保持叶片表面不结露，即可有效控制病害的发生和发展。

（3）**覆盖地膜**　覆盖地膜可减少由于地表蒸发所导致的空气湿度升高。据试验，覆膜前夜间空气相对湿度高达95%～100%，覆膜后则下降至75%～80%。

（4）**科学灌水**　根据作物需要补充水分，采用滴灌或地下灌溉，灌水应在晴天的上午进行，或采取膜下灌溉。

2. 提湿　灌水、喷水或减少通风量均可提高棚内湿度，一般在移苗、嫁接和定植时进行提湿。为了防止幼苗失水萎蔫，用薄膜和小拱棚可保持较高的空气湿度。

3. 加湿　大型温室在高温季节也会遇到高温、干燥、空气湿度过低的问题，可采取喷雾加湿、湿帘加湿等措施。

（四）气体环境调控

1. 二氧化碳气体调控

（1）二氧化碳施肥方法

①化学反应法　采用碳酸盐与酸反应产生二氧化碳。方法是准备一批塑料桶或瓷缸、瓷盆等容器，每个棚室等距离放8～10个容器。然后配制硫酸，一般将1份98%浓硫酸慢慢倒入3份水中，并缓缓搅动至常温备用。注意不可将水倒入硫酸中，以免造成伤人事故。把碳酸盐均匀地倒入容器中，便可发生化学反应而产生二氧化碳。该方法较费工，且二氧化碳浓度不易控制；但取材方便，成本低，被广泛应用。

②燃烧法　燃烧物质可以是煤和焦炭（来源容易，但二氧化碳浓度不易控制，在燃烧过程中常有一氧化碳和二氧化硫有害气

体伴随产生）、天然气或液化石油气（燃烧后产生的二氧化碳气体，通过管道输入到设施内，成本也较高）等。在建有沼气池的地方，燃烧沼气既可以增加室内二氧化碳浓度，又可提高室内温度。

③施用成品二氧化碳　液态二氧化碳为酒精工业的副产品，经压缩装在钢瓶内，可直接在设施内释放，容易控制用量，肥源较多；固态二氧化碳即干冰，放在容器内，任其扩散，可起到施肥的效果，但成本较高，且易产生低温危害，适合于小面积试验用。

（2）二氧化碳施肥时间　二氧化碳施肥必须在一定的光强和温度条件下进行，即在其他条件适宜，只是二氧化碳不足影响光合作用时施用。一般在上午揭苫 30～40 分钟后进行，阴天可适当推后且用量减半，雨雪天不施用二氧化碳气肥。

2. 预防有害气体　①合理施肥　施用完全腐熟有机肥；不施用挥发性强的肥料（如碳酸氢铵、氨水）；施肥要做到基肥为主、追肥为辅；追肥要做到少量多次，穴施和深施；施肥后覆土、浇水，并进行通风换气。②应根据天气情况，及时通风换气，排除有害气体。③选用厂家信誉好、质量优的农膜、地膜进行设施栽培。④加温炉体和烟道设计要合理，保密性要好。选用含硫低的优质燃料进行加温。

第三章
蔬菜栽培水肥一体化技术应用

一、蔬菜的需水特性与灌溉制度

（一）水对蔬菜生长发育的影响

1. 水是蔬菜的重要组成部分　蔬菜是含水量很高的作物，如白菜、甘蓝、芹菜和茼蒿等蔬菜的含水量均达93%～96%，成熟的种子含水量也占10%～15%。任何作物都是由无数细胞组成，每个细胞由细胞壁、原生质和细胞核3部分构成。细胞原生质含水量80%～90%及以上时，细胞才能保持一定的膨压，使作物具有一定的形态，维持正常的生理代谢。

2. 水是蔬菜生长的重要原料　新陈代谢是蔬菜生命的基本特征之一，有机体在生命活动中不断地与周围环境进行物质和能量交换，而水是参与这些过程的介质与重要原料。在光合作用中水是主要原料，而且通过光合作用制造的碳水化合物，也只有通过水才能输送到蔬菜植株的各个部位。同时，蔬菜的许多生物化学过程，如水解反应、呼吸作用等都需要水分直接参加。

3. 水是输送养分的溶剂　蔬菜生长中需要大量的有机和无机养分。这些营养物质施入土壤后，首先要通过水溶解变成土壤溶液，才能被作物根系吸收，并输送到蔬菜的各个部位。同时，一系列生理生化过程，也只有在水的参与下才能正常进行。例如，黄瓜缺氮，植株矮化，叶呈黄绿色；番茄缺磷，叶片僵硬、呈蓝绿色；胡萝卜缺钾，叶片扭转，叶缘变褐色。出现缺素症时施入相应营养元素的肥料后，症状将逐渐消失，而这些生化反应，都是在水溶液或水溶胶状态下进行的。

4. 水为蔬菜生长提供必要条件　水、肥、气、热等基本要素中，水最为活跃，生产中常通过水分来调节其他要素。蔬菜生长需要适宜的温度条件，土壤温度过高或过低，均不利于蔬菜生长。由于水有很高的比热容（4.184 焦 /℃）和气化热容（2.255 × 10^3 焦 / 克），冬前灌水具有平抑地温的作用。在干旱高温季节的中午采用喷灌或雾灌可以降低株间气温，增加株间空气湿度。同时，叶片能直接吸收一部分水分，降低叶温，防止叶片萎蔫。据中国农业科学院灌溉研究所在河南省新乡市的塑料大棚内试验，中午气温高达 30℃ 时雾灌黄瓜，株间温度降低 3～5℃、空气相对湿度提高 10%，叶片降温 3～5℃、相对含水量增加 5%，比地面沟灌增产 15%。蔬菜生长需要保持良好的土壤通气状况，根系生长发育适宜的氧气浓度为 5%～10% 及以上。土壤水分过多，通气条件不好，则根系发育及吸水吸肥能力就会因缺氧和二氧化碳过多而受影响，轻则生长受抑制、出苗迟缓，重则"沤根""烂种"。蔬菜生长发育需要大量养分，如果土壤水分过少，有机肥不易分解，养分不能以离子状态存在，不易被作物吸收利用，而且土壤溶液浓度过高还易造成烧苗。因此，经常保持适宜的土壤水分，对提高肥效有明显的作用。

土壤水分状况不仅影响蔬菜光合能力，也影响生殖生长与营养生长的协调，从而间接影响株间光照条件。例如，黄瓜是强光照作物，如果盛花期以前土壤水分过大，则易造成植株旺长，株间光照差，致使花、瓜大量脱落，而降低产量和品质；番茄在头穗果实长到核桃大小之前若水分过多，植株生长过旺，则花、果易脱落，果实着色也困难，上市时间推迟。

（二）蔬菜对水分的要求

1. 不同种类蔬菜对土壤水分条件的要求　蔬菜对水分的要求主要取决于其地下部对水分吸收的能力和地上部的耗水量，根系强大、能从较大土壤体积中吸收水分的蔬菜，抗旱力强；叶片面积大、组织柔嫩、蒸腾作用旺盛的蔬菜，抗旱力弱。但也有水分消耗量虽小，因根系弱而不耐旱的蔬菜。根据蔬菜对水分的需要程度不同，蔬菜分以下几类。

（1）**水生蔬菜**　这类蔬菜根系不发达，根毛退化，吸收力很弱；而且茎叶柔嫩，在高温条件下蒸腾旺盛，植株的全部或大部分必须浸在水中才能生活，如莲藕、茭白、荸荠、菱等。

（2）**湿润性蔬菜**　这类蔬菜叶面积大、组织柔嫩，蒸腾面积大，消耗水分多，但根群小，而且密集在浅土层，吸收能力弱，因此要求较高的土壤湿度和空气湿度。在栽培时要选择保水力强的土壤，并重视浇灌，主要有黄瓜、白菜、芥菜和许多绿叶菜类等。

（3）**半湿润性蔬菜**　这类蔬菜叶面积较小、组织粗硬，叶面常有茸毛，水分蒸腾量较少，对空气湿度和土壤湿度要求不高；根系较为发达，有一定的抗旱能力。在栽培中要适当灌溉，以满足其对水分的要求，主要有茄果类、豆类、根菜类等。

（4）**半耐旱性蔬菜**　这类蔬菜的叶片呈管状或带状，叶面积小，叶表面常覆有蜡质，蒸腾作用缓慢，所以水分消耗少，能耐受较低的空气湿度。但根系分布范围小，入土浅，几乎没有根毛，吸收水分的能力弱，故要求较高的土壤湿度，主要有葱蒜类和芦笋等蔬菜。

（5）**耐旱性蔬菜**　这类蔬菜叶片虽然很大，但叶上有裂刻及茸毛，能减少水分蒸腾；而且根系强大、分布既深又广，能吸收土壤深层水分，抗旱能力强，主要有西瓜、甜瓜、南瓜、胡萝卜等。

2. 蔬菜不同生育期对水分的要求

（1）种子发芽期 要求充足的水分，以供种子吸水膨胀，促进萌发和胚轴伸长。此期如土壤水分不足，播种后种子较难萌发，或萌发后胚轴不能伸长而影响及时出苗，所以生产中应在充分灌水或在土壤墒情好时播种。

（2）幼苗期 植株叶面积小，蒸腾量也小，需水量不多；但根群分布浅，易受干旱的影响，栽培上应特别注意保持一定的土壤湿度。

（3）营养生长旺盛期和养分积累期 此期是需水量最多的时期。但应注意在养分储藏器官开始形成时，水分不能供应过多，以抑制叶片和茎徒长，促进产品器官的形成。进入产品器官生长盛期后，应勤浇水多浇水。

（4）开花结果期 开花期对水分要求严格，水分过多，易使茎叶徒长而引起落花落果；水分过少，植株体内水分重新分配，水分由吸水力较小的部分（如幼芽及生殖器官）大量流入吸水力强的叶片中去，而导致落花落果，所以开花期应适当控制灌水。进入结果期后，尤其在果实膨大期或结果盛期，需水量急剧增加，并达最大量，应供给充足的水分，促使果实迅速膨大与成熟。

3. 蔬菜对空气湿度条件的要求 空气湿度对蔬菜生长发育也有很大的影响。根据不同蔬菜对空气湿度要求的差异，可以将蔬菜分为 4 类：一是白菜类、绿叶菜类和水生蔬菜等，要求空气湿度较高，适宜的空气相对湿度为 85%～90%。二是马铃薯、黄瓜、根菜类等，要求空气湿度中等，适宜的空气相对湿度为 70%～80%。三是茄果类、豆类等，要求空气湿度较低，适宜的空气相对湿度为 55%～65%。四是西瓜、甜瓜、南瓜和葱蒜类蔬菜等，要求空气湿度很低，适宜的空气相对湿度为 45%～55%。

（三）蔬菜的需水规律和需水量估算

1. 蔬菜需水规律 蔬菜需水特性随蔬菜的种类、生育阶段及其种植区的气候和土壤条件而变。一般叶面积大、生长速度快、采收期长、根系发达的蔬菜需水量较大（如茄子、黄瓜）；反之，需水量则较少（如辣椒、菠菜）。体内含蛋白质或油脂多的蔬菜（如蘑菇、平菇）比体内含淀粉多的蔬菜（如山药、马铃薯）需水量多。同一种蔬菜不同品种之间也有差异，耐旱和早熟品种需水量较少。同一品种的蔬菜各生育期的需水特性也不同，一般幼苗期和接近成熟期需水较少；生长旺盛期，需水最多，也是全生育期中对缺水最敏感、对产量影响最大的时期，称需水临界期。生长旺盛期充分供水，不仅有利于蔬菜生长发育，而且水分利用效率也高，大多数蔬菜的需水临界期在营养生长和生殖生长的旺盛阶段，也就是开花、结果与块根块茎膨大阶段，如菜用大豆开花与结荚阶段、萝卜块根膨大阶段、番茄花形成与果实膨大阶段等，均为其需水临界期，应确保水分供应。

由于各地气候、土壤、水文地质等自然条件不同，蔬菜需水情况也各异。气温高、日照强、空气干燥、风速大时，叶面蒸腾和株间蒸发均增大，作物需水量也大；反之，则小。土壤质地、团粒结构和地下水位深等均影响到土壤水分状况，从而改变耗水量的大小。在一定土壤湿度范围内，蔬菜耗水量随土壤含水量增加而加大。合理深耕、密植和增施肥料，作物需水量有增加趋势；中耕除草、设置风障、地膜覆盖、保护地栽培等，均能适当降低蔬菜需水量。

2. 蔬菜需水量估算　由于蔬菜需水量受蔬菜种类、品种及当地气候条件、土质、耕作措施、保护地类型等影响很大，目前对蔬菜需水量还没有一套十分成熟的计算方法，生产中一般应采用试验测定方法，有时也采用需水系数法（也称蒸发皿）进行估算。估算的基本思路：各种蔬菜无论土壤表面蒸发，还是作物体表面蒸腾，而其通过蒸发皿测定水面所蒸发出去的水分气化现象是基本相同的。因此，不同时期的需水量与其水面蒸发量的比值（蒸腾蒸发比）保持稳定，可用蒸发皿测定其水面蒸发量。

估算公式：

$$ET = \alpha E_0$$

式中：ET 为某时段内的作物需水量（毫米）；

　　　　E_0 为与 ET 同时段内的水面蒸发量，一般采用 80 厘米口径蒸发皿或 E-601 型蒸发器；

　　　　α 为以水面蒸发为指标的系数，一般情况下 α 值在 0.4～0.7 之间。

该方法仅需水面蒸发资料，资料易于取得。潮湿的蔬菜地可广泛采用，但在较干燥菜地采用，误差较大。

（四）土壤与蔬菜水分监测

1. 土壤水分监测　土壤水分和温度对作物生长、节水灌溉等有着非常重要的作用。通过 GPS 定位系统掌握土壤水分（墒情）的分布状况，可为差异化的节水灌溉提供科学的依据，同时精确供水也有利于提高作物的产量和品质。土壤水分检测仪又称为土壤水分测量仪，用于专业检测、测量土壤水分。常用的有 TZS 土壤水分测量仪、FD-T 便携式土壤水分仪、日本 SK-100 便携式土壤水分仪、MS-100 型卤素水分仪、HYD-ZS 在线水分仪（连续测量）、SH-8B 近红外在线水分测定仪、SH-8B 红外线在线水分检测仪（采用非接触式测量方式，距离被测物 20～40 厘米可测量水分）、TK-506 便携式水分测定仪及 DataInfo 系列土壤水分测定仪等，可对不同深度土壤层面进行测量。

2. 蔬菜水分监测　目前，生产中常用 DP-ZLZ-6 型植物水分测定仪，可用它研究植物的水分关系和植物与环境的关系，据此指导作物及林草的合理用水和抗旱育种。该测定仪操作简便、快速，耗费低廉，适用于室内和野外使用。

（五）蔬菜节水灌溉制度

1. 蔬菜水分调控原则　保护地蔬菜栽培，土壤湿度的调控至关重要，生产中必须依据当地气候特点、蔬菜种类、生育阶段及土壤情况等确定灌水时间及灌水量。

（1）**根据气象特点进行灌水** 我国北方地区，冬季及早春季节，外界温度较低，光照较弱，作物生长缓慢，蒸腾蒸发量较小，所以应少灌或不灌水。此阶段若植株确实缺水，土壤含水量较低，可小水灌，而且应尽量选择在晴天中午浇灌，以免造成地温大幅度下降，从而引起寒根。3～6月份，随着外界温度的上升，作物生长量增大、蒸腾蒸发量增加，棚室通风量增加，灌水量应逐渐增大；6～9月份，保护地栽培重点是防雨降温，灌溉要根据降雨情况而定，若雨水较多、空气湿度较大，应少灌，同时还要注意防涝排涝；若雨水少，天气干燥，应适当增加灌水次数和灌水量，以促进作物生长。9月中旬至立秋后，外界气温逐渐下降，开始进行扣棚，根据作物生长情况，灌水量应逐渐减少。

（2）**根据蔬菜需水规律进行灌水与保水** 播种前浇足底水，以保证种子发芽。出苗时补浇1次水或覆几次土，以减少土壤水分蒸发，保证齐苗。幼苗期小水浇或不浇，同时注意防止徒长。移苗时浇移苗水和缓苗水，待苗成活后松土、保墒、蹲苗。定植水要浇透，以促进发根缓苗。缓苗后浇1次水，然后进行中耕、蹲苗。对有储藏器官的蔬菜，莲座后期灌1次大水后进行中耕保墒蹲苗，蹲苗期间必须保持一定的土壤湿度，以免蹲苗过度。产品器官生长盛期要勤浇水多浇水，以获得高产。

（3）**根据各类蔬菜生长特性进行灌水与保水** 对大白菜、黄瓜等根浅、喜湿、喜肥的蔬菜，应做到肥多水勤。对茄果类、豆类等根系较深的蔬菜，应先湿后干。对速生菜应经常保证肥水不缺。对营养生长和生殖生长同时进行的果菜，避免始花期浇水，要"浇菜不浇花"；对单纯生殖生长的采种株，应见花浇水，收种前干旱，要"浇花不浇菜"。对越冬菜要浇封冻水。

（4）**根据土质和幼苗形态进行灌水**

①土质特点 沙性土宜增加灌水次数，并增施有机肥，改良

土质，以利保水；黏土地采取暗水播种，浇沟水；盐碱地宜用河水灌溉，明水大浇，洗盐洗碱，浇耪结合；低洼地小水勤浇，排水防碱。

②幼苗形态　棚室青韭，早晨看叶尖有无溢液。棚室黄瓜看茎端（龙头）的姿态与颜色；露地黄瓜，早晨看叶的上翘与下垂，中午看叶萎蔫与否或轻重，傍晚看恢复快慢。番茄、黄瓜、胡萝卜等叶色发暗且中午略呈萎蔫，甘蓝、洋葱叶色灰蓝、蜡粉较多而脆硬表现为缺水，需立即灌水；反之，叶色淡且中午不萎蔫，茎节拔节，说明水分过多，需要排水和晾晒。

2. 蔬菜灌溉时间的确定　目前，我国保护地蔬菜栽培灌溉仍然依靠传统经验，主要凭人的观察感觉。随着保护地节水灌溉技术的推广和自动化灌溉设施的应用，利用现代化手段对作物栽培和棚室条件进行调控已成为发展趋势，可根据作物各生育期需水量和土壤水分张力确定蔬菜的灌水日期和灌水量。土壤中的水分可以用含水量和水势两种方式表述，含水量不能反映土壤水分对植物的有效性，单凭含水量无法判断土壤的干旱程度。土壤水势是在等温条件下从土壤中提取单位水分所需要的能量，土壤水势测定最常用的方法是张力计法。土壤水势单位是巴（bar，1 巴 =100 千帕），过去曾用相当于一定压力的厘米水柱来表示，用土壤水吸力的水柱高度厘米数的对数表示，称为 pF 值。它们之间的换算关系是：

$$10^5 帕 =0.986\,9\,大气压 =1\,巴 =1\,020\,厘米水柱 =pF\,值\,3$$

土壤水分饱和，水势为零；含水量低于饱和状态，水势为负值，土壤越干旱，负值越大。一般植物生存的土壤水势是 0～-15 巴。当土壤水分张力下降到某一数值时，植株因缺水而丧失膨压以致萎蔫，即使在蒸腾最小的夜间膨压也不能恢复，这时的土壤含水量称为"萎蔫系数"或"凋萎点"。凋萎点用水分张力表示时约为 15 巴（pF 值 4.2）。一般灌水应在凋萎点以前，这时的土壤含水量为生育阻滞点。排水良好的露地土壤生育阻滞点约为1巴（pF值3），但该值在同一土壤上，因作物根系大小、栽培方式及是否有覆盖等差异很大。保护地内pF值在1.5～2之间，也就是开始灌水的土壤含水量较高，因为保护地内作物根系分布范围受到一定限制，需要在土壤中保持较多的水分。灌水期依蔬菜种类、品种、栽培季节、生育阶段、土壤状况、根系范围、地下水位、栽植密度及施肥方法等而异。主要蔬菜灌水期的确定方法如下。

（1）**番茄**　番茄对土壤水分变化的适应性广，水分适量时的pF值为1.5～2。但不同发育阶段适宜的水分指标也不相同，育苗期和生长发育初期pF值为2.5～2.7；果实膨大初期，对生殖生长和营养生长调节均衡以后的发育阶段，晴天时灌水指标为pF值1.5以下；摘心以后更要以低的土壤水分张力进行管理，以促进果实膨大。

（2）**黄瓜**　黄瓜的灌水指标比番茄低，一般pF值在1.5～2范围内。但采收盛期在日照射量多、光合作用旺盛时灌水指标降至pF值1.3～1.4，而且对水分保持量小的沙质土壤pF值往往还要降至1.3以下，这是由于黄瓜等阔叶作物在短时间里蒸腾量大，水分补充速度慢是主要问题。

（3）**茄子、辣椒**　茄子和辣椒不宜在过湿状态下生长，茄子pF值为2～2.3，辣椒pF值为2.5。只有在排水良好、不担心发生湿害的条件下，pF值可小于2；沙地栽培辣椒，pF值可按1.5左右的低水分张力管理。

（4）**草莓**　草莓在连续收获时期水分不足很容易导致产量下降，品质降低。灌水指标pF值定为1.5～2，而且pF值小于1.5或大于2往往发生问题。特别是3月下旬以后的收获期（温室内），土壤水分张力上升可导致果实品质下降。火山灰土壤、灰褐色土壤、含砾层土壤地带，灌水指标采用pF值2。

（5）**网纹甜瓜**　网纹甜瓜为特殊栽培，缓苗和摘心前pF值为 2，授粉后 pF 值为 2.4，在果实网纹期的 14 天内 pF 值为 2.4～2.7，网纹形成后 pF 值大于 2.7，采用高水分张力管理。

3. 蔬菜灌溉制度的制定

（1）**灌溉定额**　是指依据水分亏缺量和灌溉水资源量确定的作物全生育期（或全生长季、全年）的历次灌水定额之和，是总体上的灌水量控制指标。日光温室的灌溉定额主要考虑作物全生育期的需水量，可以通过作物日耗水强度进行计算（表 3-1）。

灌溉定额＝（作物日耗水量×生育期天数）/灌溉水的利用系数

表 3-1　滴灌条件下作物耗水强度与滴灌设计中的湿润比

作　物	耗水强度（毫米/天）	湿润比（%）
蔬菜（保护地）	2～3	60～90
蔬菜（露地）	4～5	60～90
葡萄、瓜类	3～6	30～50
其他果树	3～5	25～40
棉花	3～4	60～90

（2）**灌水定额**　是指依据土壤持水能力和灌溉水资源量确定的单次灌溉量。在灌溉水资源充足条件下的灌水定额取决于土壤持水能力，为最大灌水定额，计算公式：

最大灌水定额＝计划湿润深度×（田间持水量—实际含水量）

式中：最大灌水定额、计划湿润深度的单位为毫米；

　　　　田间持水量、实际含水量为容积含水量。

灌溉量若小于最大灌水定额计算值，则表示灌溉深度不够，这样既不利于深层根系生长发育，又会增加灌溉次数；灌溉量若大于此计算值，则将出现深层渗漏或地表径流损失。

当实际含水量为凋萎点时，最大灌水定额则成为极端灌水定额（表 3-2）。

灌水定额计算公式：

$$m=0.1(\theta_{max}-\theta_{min})rph/\eta$$

式中：m 为灌水定额（毫米或米^3）；

　　　θ_{max} 为作物土壤含水量上限，以重量百分比计；

　　　θ_{min} 为灌前土壤含水量，作物土壤含水量下限，以重量百分比计；

　　　r 为土壤容重（克/厘米^{3}或千克/米^3）；

　　　p 为土壤湿润比（%）；

　　　h 为计划土层湿润深度（米）；

　　　η 为灌溉水的利用系数，取 $\eta=0.95\sim0.98$。

湿润比是指地表以下 20～30 厘米处的平均湿润面积与作物种植面积的百分比。蔬菜的湿润比如表 3-1 所示。各种蔬菜的计划灌水深度如表 3-3 所示，在缺水条件下计划灌水深度可适当减小。日光温室主要蔬菜不同生育期土壤水分指标如表 3-4 所示。

表 3-2　土壤剖面极端最大灌水定额计算表

土层（毫米）	土层厚度（毫米）	田间持水量（毫米^3/毫米^3）	凋萎系数（毫米^3/毫米^3）	极端灌水定额（毫米）
0～200	200	0.264	0.096	33.6
200～400	200	0.224	0.098	25.2
400～750	350	0.3	0.15	52.5
750～1 000	250	0.27	0.15	30
0～1 000	1 000	—	—	141.3

表 3-3　各类蔬菜计划灌水深度 （米）

蔬菜种类	苗期	中后期
黄瓜*、大白菜、甘蓝、莴笋、萝卜及绿叶菜等	0.3～0.5	0.5～0.6
葱蒜类、石刁柏	0.3～0.5	0.5～0.6

续表 3-3

蔬菜种类	苗 期	中后期
西葫芦、豆类、番茄、辣椒、马铃薯、胡萝卜等	0.4～0.6	0.8～1
南瓜等	0.5～0.7	1～1.5

*黄瓜主体根分布虽浅，但整体根分布可达 1 米左右，计划灌水深度可适当加大。

表 3-4　日光温室主要蔬菜不同生育期土壤水分指标

作物	指 标	苗 期		花期结果期		采收期	
		上 限	下 限	上 限	下 限	上 限	下 限
黄瓜	田间持水量（%）	90	70	80	60	95	70
	水势（千帕）	14	27	19	39	12.4	27
番茄	田间持水量（%）	90	60	80	55	95	60
	水势（千帕）	14	39	19	46.3	12.4	39
辣椒	田间持水量（%）	90	70	90	60	90	70
	水势（千帕）	14	27	14	39	14	39
西葫芦	田间持水量（%）	80	60	80	55	90	60
	水势（千帕）	19	39	19	46.3	14	39

（3）**蔬菜灌水间隔期和灌水量**　根据蔬菜作物的需水量和生育期间的降水量确定灌水定额。露地滴灌施肥的灌溉定额应比大水漫灌减少 50%，保护地滴灌施肥的灌溉定额应比大棚畦灌减少 30%～40%。灌溉定额确定后，依据蔬菜作物的需水规律、降水情况及土壤墒情确定灌水时期和次数及每次的灌水量。保护地蔬菜的灌水量和灌水间隔随栽培作物种类、气候条件、土壤等不同而异（表 3-5）。就灌水量而言，各种蔬菜的灌水量相差极大，在 1.1～15 毫米／天范围内，气温较低、光照较弱的冬春季，有增温设备时灌水量宜选择最小值，间隔天数一般应在 20 天以上。一般根据温度和空气湿度取值，温度较低时选最小灌水量，间隔天数较长；温度高时则相反。

表 3-5　主要蔬菜保护地灌水量和灌水间隔期

蔬菜种类	灌水量（毫米）						间隔日数（天）		
	1 次			1 天					
	最小	平均	最大	最小	平均	最大	最小	平均	最大
番茄	2.7	17.5	44.4	1.1	3.8	9	1.3	3.8	7.1
黄瓜	4.4	24	42	2.5	6.1	15	0.7	3.9	8
辣椒	10	25.2	35	3.9	7.2	10	2.6	3.4	4.3
茄子	4.8	–	19.4	3	–	6	1.6	–	2.9
芹菜	4.5	7.2	12.5	1.15	3	7	1	2.4	4.5

①番茄　番茄枝叶繁茂，生长期长，耗水量较大，在滴灌条件下，全生育期需水量为 600～700 毫米。一般在定植后 5～7 天滴灌 1 次缓苗水，滴水量不宜过大，控制在 15 毫米以内，适当控制水分有利蹲苗。蹲苗到第一花序着果并开始膨大为止，第一花序果实膨大后生长迅速，需水量增加，应及时进行灌溉，以"催秧催果"。此期土壤相对含水量以 70%～80% 为宜，一般每隔 4～5 天滴灌 1 次水，滴水量 15～18 毫米。结果盛期需水达到高峰，根据天气和土壤水分情况，一般 3～4 天滴灌 1 次水，滴水量 20 毫米左右，土壤相对含水量控制在 75%～85%。结果盛期严防土壤忽干忽湿，应小水勤灌，以减少裂果发生。同时，注意土壤湿度不宜过大，否则会烂根死秧。

②黄瓜　黄瓜全生育期可以灌水 12～15 次，每次每亩灌水量约 12 米^3。第一次灌水在定植时进行，第二次在进入结瓜期前进行，以后每隔 7～10 天灌 1 次水，盛果期后可适当减少灌水次数。

③辣椒　辣椒既不耐旱，又不耐涝，在滴灌条件下全生育期（100～120 天）需水量为 350～450 毫米。定植后地温低，辣椒根系少且弱，缓苗水滴水量要小，每隔 4～6 天滴 1 次水，一般

为 10～12 毫米，以促根为主，适当蹲苗。当门椒长到一定大小后滴灌初果水，植株生长旺盛应加大灌水量，每隔 3～4 天滴灌 1 次水，滴水量为 15～20 毫米，土壤相对含水量保持在 70%～80%。进入盛果期，需水达到高峰，一般 3～4 天滴灌 1 次水，滴水量为 20～25 毫米，土壤相对含水量保持 75%～85%。

④茄子 茄子需水量大，生长期长，比较适合滴灌，土壤相对含水量以 75%～85% 为宜。定植时，苗钵内灌足水，栽培土壤最好干燥些，以免降低地温。定植成活后根据苗情及土壤湿度情况进行灌溉，前期一般每隔 4～6 天滴灌 1 次水，滴水量为 12～15 毫米；果实膨大期每隔 3～5 天滴灌 1 次水，滴水量为 15～28 毫米。全生育期总灌水量 400 毫米左右。

（六）蔬菜对灌溉水源的要求

①灌溉水源应充分满足灌溉系统用水量的要求。

②尽可能采用自压或直接式供水方法，否则应设置泵站机组加压，以满足灌溉用水压力的要求。

③灌溉水源的位置应尽量靠近农业设施。

④蔬菜灌溉用水应优先选用未被污染的地下水和地表水，蔬菜田灌溉水质应符合中华人民共和国国家标准——农田灌溉水质标准 GB 5084—2005。根据农田灌溉水质标准，蔬菜田灌溉用水水质必须符合表 3-6 和表 3-7 规定。在蔬菜滴灌系统中表明堵塞程度的水质指标如表 3-8 所示。

表 3-6 蔬菜田灌溉用水水质基本控制项目标准值 （毫克／升）

序 号	项目类别		标 准 值
1	5 日生化需氧量	≤	15
2	化学需氧量	≤	60
3	悬浮物	≤	15

续表 3-6

序 号	项目类别		标 准 值
4	阴离子表面活性剂	≤	5
5	水温（℃）	≤	35
6	pH 值		5.5～8.5
7	全盐量	≤	1 000（非盐碱土地区），2 000（盐碱土地区）
8	氯化物	≤	350
9	硫化物	≤	1
10	总汞	≤	0.001
11	镉	≤	0.01
12	总砷	≤	0.05
13	铬（六价）	≤	0.1
14	铅	≤	0.2
15	粪大肠菌群数（个／100 毫升）	≤	1 000
16	蛔虫卵数（个／升）	≤	1

表 3-7 蔬菜田灌溉用水水质选择性控制项目标准值 （毫克／升）

序 号	项目类别		标 准 值
1	铜	≤	1
2	锌	≤	2
3	硒	≤	0.02
4	氟化物	≤	2（一般地区），3（高氟区）
5	氰化物	≤	0.5
6	石油类	≤	1
7	挥发酚	≤	1
8	苯	≤	2.5
9	三氯乙醛	≤	0.5

续表 3-7

序　号	项目类别		标　准　值
10	丙烯醛	≤	0.5
11	硼	≤	1（对硼敏感作物）
		≤	2（对硼耐受性较强的作物）
		≤	3（对硼耐受性强的作物）

注：①对硼敏感蔬菜，如黄瓜、豆类、马铃薯、笋瓜、韭菜、洋葱等。
②对硼耐受性较强的蔬菜，如青椒、小白菜、葱等。
③对硼耐受性强的蔬菜，如萝卜、油菜、甘蓝等。

表 3-8　在滴灌系统中表明堵塞程度的水质指标

堵塞原因	堵塞程度		
	轻	中	严　重
物理因素悬浮固形物（毫克／升）	<50	50～100	＞100
化学因素（pH 值）	<7.5	7～8	＞8
溶解物（毫克／升）	<500	500～2 000	＞2 000
锰（毫克／升）	<0.1	0.1～1.5	＞1.5
全部铁（毫克／升）	<0.2	0.2～1.5	＞1.5
硫化氢（毫克／升）	<0.2	0.2～2	＞2
生物因素细菌含量（个／毫升）	<10 000	10 000～50 000	＞50 000

注：①表中数值指使用标准分析方法，从有代表性的水样中所测的最大浓度。
②每升水中细菌的最大数目，可以变动的田间取样和实验室分析得到，细菌数量反映了藻类和微生物的营养状况。

（七）水分管理不当引起的蔬菜生理病害

1. 土壤水分过少引起的蔬菜生理病害　蔬菜食用部位大部分为柔嫩多汁的茎叶和果实，其重量的 90% 以上是水分。土壤水分管理不当，不仅对土壤的理化性质和设施环境条件造成不良影响，导致蔬菜病害的发生和蔓延，造成蔬菜减产，而且还会降低蔬菜品质。

水分缺乏时，蔬菜营养生长受到影响，叶面积减少，花发育也受到抑制，植株发生萎蔫，随着萎蔫时间的延长严重影响正常生长发育，最后甚至死亡。在蔬菜植株萎蔫时，蒸腾作用减弱或停止，气孔关闭，空气中的二氧化碳不能通过气孔进入植株体内，光合作用不能正常进行，导致蔬菜生长量减少，果实发育不良。例如，黄瓜进入瓜条膨大期出现水分缺乏，则授粉不良，即使过一段时间后土壤水分得到补充，也容易出现尖嘴瓜。如果在瓜条发育的前期和后期缺水，而中期水分充分，就会形成大肚瓜；发育中期缺水，容易产生蜂腰瓜；发育后期缺水，容易产生表皮皱褶较强的细瓜。这些畸形瓜，与瓜条发育期间水分供应不均有很大关系，当然也与授粉不良或环境养分因素有关。

另外，水分在调节蔬菜体温上也起着重要的作用。阳光较强直射蔬菜时，蔬菜体温就会很快升高，需要靠蒸腾作用消耗大量的水分来降低体温。如果这时缺水，蔬菜体温过高，会抑制蔬菜正常生理代谢，容易发生病害，特别是病毒病。

土壤中微生物活动和养分溶解需要一定的水分，蔬菜体内养分物质运输也要在水溶液中进行。同时，根系吸收养分物质，只有在土壤水分条件适宜的情况下才能进行。土壤水分管理不当，将对土壤养分的有效性和蔬菜根系的活力造成影响，在蔬菜生长发育停止的同时，叶片还可能表现出缺素症。

2. 土壤水分过多引起的蔬菜生理病害　土壤水分过多，影响土壤温度升高和土壤通气性，给蔬菜生长发育造成不良影响。

在土壤温度过低的情况下，土壤中的养分物质转化慢，根系的代谢能力减弱，容易在蔬菜苗期产生缓苗慢和沤根等病害。在早春气温上升较快时，如果土壤含水量大，将影响地温上升，产生地温与气温变化的不协调现象，根系活力的减弱与地表高蒸腾作用之间的矛盾，将使蔬菜植株在中午产生萎蔫，并且还可诱发蔬菜枯萎病和其他病害。

要使蔬菜有较旺盛的根系活力，除要求一定的土壤温度外，还要求土壤具有较高的氧气含量，供根系呼吸使用。土壤水分过多时，易产生土壤通气不良的缺氧现象，会使蔬菜根系窒息。同时，土壤中还将产生硫化氢和甲烷等有害气体，毒害根系。蔬菜根系受到危害后，地上植株生长发育缓慢或受抑制，下部叶片和叶柄首先黄化，叶柄下垂并脱落，最后造成植株死亡。

土壤水分过多即土壤含水量超过了田间的最大持水量，土壤水分处于饱和状态，蔬菜容易产生渍害。从蔬菜生理方面来说，渍害对蔬菜作物的影响主要是液相代替了气相，使蔬菜根系在缺氧的土壤环境中生长，产生一系列的不利影响。

二、蔬菜的需肥特性与施肥制度

（一）蔬菜的需肥共性

蔬菜是一种高度集约栽培作物，尽管蔬菜种类和品种繁多，其生长发育特性和产品器官也各有不同，但与粮食作物相比，在需肥量和对不同养分的需求状况等方面存在相当大的差异。蔬菜需肥共性主要表现在以下几方面。

1. 养分需要量大　多数蔬菜由于生育期较短，每年复种茬数多，单位面积年产商品菜的数量相当可观。由于蔬菜的生物学产量高，随产品从土壤中带走的养分多，所以需肥量比粮食作物多得多。各种蔬菜吸收养分的平均值与小麦吸收养分量进行比较，蔬菜平均吸氮量比小麦高 4.4 倍、吸磷量高 0.2 倍、吸钾量高 1.9 倍、吸钙量高 4.3 倍、吸镁量高 0.5 倍。蔬菜吸收养分能力强与其根系阳离子交换量高是分不开的，据研究，黄瓜、茼蒿、莴苣和芥菜类蔬菜的根系阳离子交换量均在 400～600 毫摩 / 千克之间，而小麦根系阳离子交换量只有 142 毫摩 / 千克，水稻只有 37

毫摩 / 千克。

2. 带走的养分多 蔬菜除留种之外，均在未完成种子发育时即进行收获，以其鲜嫩的营养器官或生殖器官作为商品供人们食用。蔬菜收获期植株中所含的氮、磷、钾均显著高于大田作物，由于蔬菜属收获期养分转移型作物，所以茎叶和可食器官之间养分含量差异小，尤其是磷几近相同；相反，禾本科粮食作物属部分转移型作物，在籽粒完熟期，茎叶中的大部分养分则迅速向子实（储藏器官）转移。因此，禾本科粮食作物子实的氮、磷养分含量显著高于茎叶，蔬菜茎叶中的氮、磷、钾含量分别是水稻和小麦的 6.52 倍、7.08 倍、2.32 倍；蔬菜子实或可食器官中的氮、磷、钾含量分别是水稻和小麦的 2.04 倍、1.49 倍和 6.91 倍。由此可见，蔬菜生长期间植株养分含量一直处于较高水平，为了保持蔬菜收获期各器官均有较高的养分水平，需要加强施肥，以满足其在较短时间内吸收较多的养分。

3. 对某些养分有特殊需求 尽管不同种类蔬菜在吸收养分方面存在较大差别，但与其他作物相比，仍有一定的特殊要求，如蔬菜喜硝态氮、对钾需求量大、对钙需求量大、对缺硼和缺钼比较敏感等。这些营养特点都是蔬菜合理施肥的重要依据。

（二）蔬菜的需肥特性

1. 不同蔬菜种类需肥特性不同 不同种类蔬菜对土壤营养元素的吸收量不同，这主要取决于根系的吸收能力、产量、生育时期、生长速度及其他生态条件。一般而言，凡根系深而广、分枝多、根毛发达的蔬菜，根与土壤接触面大，能吸收较多的营养元素；根系浅而分布范围小的蔬菜营养元素吸收量小。例如，胡萝卜根系比洋葱根系长 3～4 倍，横向生长范围大 1 倍，吸收营养的面积大 19 倍，因此胡萝卜根系吸收能力要比洋葱强得多。同时，产量高的蔬菜吸收营养元素也多，同一种蔬菜，产量提高时从单位面积土壤中吸收的营养元素量也增加，单位产量所需的矿质营养量则相对减少，所以单位面积产量越高肥料的增产效益就越大。不同种类蔬菜的生育期长短及生长速度不同，生长期长的一般吸肥总量大；生长速度快的一般单位时间内吸肥量多。生产中合理施肥应以吸肥强度为指导，同时参考吸肥总量。

由于系统发育与遗传上的原因，不同蔬菜吸收的土壤营养元素总量不同，据此可将蔬菜作物分为4类：①吸收量大的，如甘蓝、大白菜、胡萝卜、甜菜、马铃薯等。②吸收量中等的，如番茄、茄子等。③吸收量小的，如菠菜、芹菜、结球莴苣等。④吸收量很小的，如黄瓜、水萝卜等。

不同种类蔬菜利用矿质营养的能力也不同，如甘蓝最能利用氮，甜菜最能利用磷，黄瓜对三要素的需要量均大，番茄利用磷的能力弱但对磷过量无不良反应。瓜类吸磷量高于番茄，黄瓜吸钙量和吸镁量也高于番茄，葱蒜类中的洋葱、大葱属于吸肥较少的蔬菜，豆类蔬菜吸钾量较低而吸磷量偏高等。同一种蔬菜的不同品种需肥不同，品种的耐瘠性和耐肥性是由遗传基因决定的，早熟品种一般生长速度快，单位时间内吸肥量多，但生育期短，吸肥总量少，所以须勤施速效肥；晚熟品种一般需肥总量大，生育期又长，除重施基肥外，还要多次追肥，早期应施用长效肥。

2. 同一品种不同生育期需肥特性不同　就蔬菜整个发育期而言，幼苗期生长量小，吸收营养元素较少。例如，甘蓝苗期吸收营养元素仅为成株的 $1/6 \sim 1/5$，但幼苗期相对生长速度快，要求肥料养分全、数量多；随着植株生长，吸肥量逐渐加大，到产品器官形成时生长量达到峰值，需肥量也最多，一般成株比幼苗耐受土壤溶液浓度的能力大 $2 \sim 2.5$ 倍。

蔬菜不同生育期对肥料种类的要求也不同，一般全生长期均需要氮肥，尤其是叶菜类，氮肥供应充足时营养生长好，茎叶内叶绿素含量高，叶色深而功能期长。全生长期均需要磷肥，尤其是果菜类苗期花芽分化时，磷对提高花芽分化的数量和质量有很好的效果。根茎果类蔬菜幼苗期需大量的氮、适量的磷和少量的钾；根茎肥大时，则需要大量的钾、适量的磷和少量的氮。茄果类蔬菜幼苗期需氮较多，磷、钾的吸收相对少些，进入生殖生长期需磷量猛增，而氮的吸收量略减。

3. 产品器官不同需肥特性不同 叶菜类一般需氮较多，多施氮肥有利于提高产量和品质；根茎菜类需磷、钾较多，增施磷、钾肥有利于其产品器官膨大；果菜类对氮磷钾三要素的需要较平衡，在果实形成期需磷较多。不同种类叶菜需肥也有差异，绿叶菜全生育期需氮最多，宜用速效氮；结球叶菜虽然需氮也多，但主要是在苗期和莲座初期，进入生长旺盛期则需增施磷、钾肥，否则不易结球。根茎菜类，幼苗期需要大量氮肥，同时需要适量的磷肥和少量钾肥，到根茎膨大时则需要较多的钾、适量的磷和较少的氮。如果全生育期氮过多而钾供应不足，则植株上部易徒长，作为产品器官的肉质根、块茎、根茎、球茎等，因得不到足够的养分而不能充分膨大；如果前期氮肥不足，则生长缓慢、功能叶（莲座叶）面积小，发育迟缓，致使根茎膨大时养分供应不足，产量低。果菜类，苗期需氮较多，磷、钾的吸收相对较少；进入生殖生长期后对磷的需要量急增，而氮的吸收量则略减。如果后期氮过多而磷不足，则茎叶徒长，影响结果；前期氮不足则植株矮小，磷、钾不足则花期推迟，产量和品质也随之降低。

此外，蔬菜对土壤营养元素形态也有不同的要求，矿质元素均有各自的形态，如氮有铵态氮、硝态氮、尿素态氮，磷有磷酸态、磷矿态等。

（三）蔬菜需肥类型与分类施肥方法

蔬菜作物种类繁多，栽培模式多样，但在养分吸收方面的共同特点是吸收能力强、吸收量大。生产中具体到每种蔬菜作物还要根据不同的生物学特性和养分要求采用不同的施肥措施。一般可将蔬菜需肥类型分为以下 3 类。

1. 变量需肥型 这类蔬菜，初期生长缓慢，需肥量小；中后期随着根或果实的膨大进入施肥关键期，植株长势旺需肥量增大，瓜类、根菜类等生育期长、采收期短的蔬菜大多属于该类型。这种类型的蔬菜，应少施基肥，特别是少施氮肥，重施追肥，并多补充钾肥。进入坐瓜（坐果）期和膨大期应渐次加大施肥量，防止脱肥而影响产量和品质。同时，还要注意植株调整，疏掉部分无用枝叶，减少养分消耗，保证产品器官生长。有些蔬菜生长中后期枝叶繁茂，不便施肥，可以在施基肥时采取深施或穴施的方法，加大肥料与根系的空间，避免生长初期肥效过大、生长后期脱肥。

2. 稳定需肥型 这类蔬菜生育期和采收期均较长，需要肥效维持较长时间，以达到稳产增产目的，主要有番茄、茄子等茄果类蔬菜和芹菜、大葱等。该类型蔬菜生长前期要保证根系发育良好，培育健壮植株，以长期保持收获期间的植株长势。在施肥方法上基肥和追肥同等重要，通常比例为4∶6。磷肥可一次基施，氮肥不宜过多，防止植株徒长。追肥主要是氮、钾肥，次数根据采收期长短而定，每次肥量基本相同。如采收期过长，可适时追施磷肥，保证作物生长需要。

3. 早发需肥型 这类蔬菜全生育期较短，总需肥量不大，在生育初期即开始迅速生长，如菠菜、油菜等叶类蔬菜。这类蔬菜喜氮肥，前期要充分保证氮肥供应，生长后期如果氮肥过多，则植株叶片变薄，产品硝酸盐含量高，品质恶化。在施肥方法上以施基肥为主，施肥位置相对要浅、离根要近，追肥以氮肥为主，一般追施1～2次，保证初期生长良好。结球甘蓝、花椰菜等为了使其结球结实，后半期也需要有一定的长势，可适当补充钾肥。

（四）不同种类蔬菜的需肥特点

1. 绿叶类蔬菜 绿叶类蔬菜主要包括以嫩叶、嫩茎供食用的小白菜、芹菜、菠菜、生菜、莴苣等。这类蔬菜可食用期均为营养生长期，其生长期短，所以无论基肥或追肥均应采用速效氮肥，通常少用基肥，多用低浓度化肥或粪肥进行多次追肥，生长盛期则需增施钾肥和适量磷肥。若全生长期氮肥不足，则植株矮小，组织粗硬，产量低，品质差。

2. 瓜果类蔬菜 瓜果类蔬菜包括番茄、茄子、辣椒、黄瓜、瓠瓜等以果实为食用器官的蔬菜。这类蔬菜吸钾量最高，对各元素吸收量的顺序是钾＞氮＞钙＞磷＞镁，施肥既要求保证茎叶和根的扩展，又要满足开花结果和果实膨大成熟的需要，使两者平衡协调。一般应多施基肥，苗期需氮较多，磷、钾的吸收相对较少；进入开花结果阶段对磷的吸收量猛增，而氮的吸收量略减，氮、磷、钾肥要配合使用。这类蔬菜前期养分供应充足，有利于叶面积增加，提高光合效率，促进营养生长，同时也有利于调节营养生长和生殖生长的矛盾，提高产量，改进品质。前期氮肥不足，则植株矮小；磷、钾肥不足则开花晚，产量和品质下降。后期氮肥不足，则开花数减少、花发育不良、坐果率低，影响果实膨大；氮肥过多而磷不足，则茎叶徒长，开花结果延迟，影响结果。同时，还应注意防止肥水过多，使茎叶生长过旺，开花结果推迟。

3. 根菜类蔬菜 根菜类蔬菜包括萝卜、胡萝卜、根用芥菜、芜菁等以食用肉质根、肉质茎的蔬菜。施肥时要注意地上部分和地下部分的平衡生长，为促进叶片生长要有充足的氮肥，以速效性氮肥（如充分腐熟的人粪尿等）作基肥。幼苗期追施速效氮肥、适量磷肥和较少钾肥，促进强大的肉质根茎和叶的形成；根茎肥大期，则需多施钾肥、足量的磷肥和较少的氮肥，促进叶的同化物质运送到肉质根茎中，加速肉质根茎膨大。全生育期对钾肥需求量最多。如果前期氮肥不足，植株生长不良，发育迟缓；后期氮肥过多而钾肥不足，则会引起地上部的过度生长，消耗养分过多，影响肉质根茎膨大。

4. 白菜类蔬菜　白菜类蔬菜主要指以叶球供食用的大白菜、结球甘蓝等，对施肥的要求是多施基肥，在生长期多次追肥。生长前期应以速效氮肥为主，莲座期和包心期除施用大量速效氮肥外，还应增施磷肥和钾肥，否则会影响叶球的形成。

5. 薯芋类蔬菜　薯芋类蔬菜包括生姜、芋头、马铃薯、山药及魔芋，以块茎、块根和根茎供食用。这类蔬菜对肥的要求是既要为地上部茎叶生长提供足够养分，又要为地下茎（或块根）的膨大创造疏松通气的土壤环境，所以必须在深耕土层的基础上施用大量有机肥。全生育期吸收钾最多，氮居第二位，磷居第三位，生长前期施用速效氮肥可促进茎叶生长，中期施用速效磷和钾肥促进同化产物向地下茎（块根）输送。

6. 豆类蔬菜　豆类蔬菜包括菜豆、豇豆、毛豆、扁豆、豌豆和蚕豆等，主要食用嫩豆荚、嫩豆粒。豆类共生根瘤菌可固氮，除苗期外需施少量氮肥外，生长期注重施用磷、钾肥。豆类蔬菜除了毛豆、蚕豆对氮要求较低外，其他豆类特别是菜豆、豇豆，仍需要施入一定量的氮肥。由于豆科作物根瘤菌的发育需要磷，所有豆类蔬菜均需施磷肥。豆类蔬菜对硼、钼、锌很敏感，缺乏时易引起生理病害。

（五）蔬菜植株的营养诊断

1. 形态诊断　蔬菜植株缺乏某种元素时，一般会在形态上表现特有的症状，即所谓的缺素症，如失绿、现斑、畸形等。由于元素和生理功能不同，症状出现的部位和形态常有其各自的特点和规律。缺氮、磷、钾、镁元素时主要表现在老叶片上，缺氯、硫、钙、硼、铁、铜、锌、锰、钼主要表现在嫩叶片上。生产中可通过观察植株的缺素症状确定养分亏缺，以利及时施肥补充。

通过植株形态特征诊断缺素症的步骤：①对比正常植株，观察症状出现的部位，如主要发生在下部老叶、新叶或顶芽。②观察叶片颜色，如叶片是否失绿变褐变黄、叶色是否均一、叶肉和叶脉的颜色是否一致、叶片上有无斑点或条纹、斑点或条纹的颜色。③观察叶片形态，叶片是否完整、是否卷曲或皱缩、叶尖和叶缘或整个叶片是否焦枯。④症状发展过程，症状最先出现的部位，如叶尖、叶基部、叶缘或主叶脉两侧、症状后期发展。⑤观察顶尖是否扭曲、焦枯或死亡。

2. 化学诊断

（1）**分析诊断**　叶分析是确定作物营养状态的有效技术。在营养可给性低的土壤，叶分析特别有用；在营养可给性较高的土壤上则不很灵敏。诱导硝酸还原酶活性的方法可用来诊断植物的缺氮情况，用硝酸根来诱导缺氮植物根部或叶片中硝酸还原酶后做酶活性比较，诱导后酶活性较内源酶活性增高越多则表明植物缺氮越严重。缺磷时，植物组织中的酸性磷酸酶活性高，磷酸酶的活性也可用于判断磷的缺乏程度。以叶片的常规（全量）分析结果为依据判断营养元素丰缺的方法已比较成熟，目前被世界各国广泛采用，并获得显著成效。

（2）**组织速测诊断**　组织速测诊断是利用对某种元素丰缺反应敏感的植物新鲜组织，进行养分含量快速测定，判断植物营养状况的方法，即以简易方法测定植物某一组织鲜样的成分含量来反映养分状况。这是一类半定量性质的分析测定，被测定的一般是尚未被同化的或大分子的游离养分。要求取用的组织对养分丰缺是敏感的，一般叶柄（叶鞘）常成为组织速测的适合样本。主要蔬菜植株诊断取样时间、部位和标准如表3-9所示。这一方法常用于田间现场诊断，在正常植株对照下对元素含量水平作大致的判断是有效的。组织速测由于要以元素的特异反应为基础，而且要符合简便要求，所以不是所有元素都能应用，目前仅限于氮、磷、钾等几种元素。

目前，市场上常见的植株养分速测仪为 TYS-3N 型，它是通过测量叶片在 2 种波长范围内的透光系数来确定叶片当前叶绿素的相对数量，也就是在叶绿素选择吸收待定波长长光的 2 个波长区域，根据叶片透折射光的量来计算测量值，可以测定植物氮素、叶绿素、水分含量等指标。其特点是快速、无损植物活体检测，不影响植物生长；多参数快速一次测定；一次可同时检测出植物的氮素、叶绿素、水分；自动和手动2种测量模式可互相转换；历史数据可以查看，3种参数同时显现；实现计算机有线或无线数据传输，便于植物养分管理和分析；液晶测量结果显示，直观清晰，带背光功能；测量数据保存方便、历史数据显示直观；充电电池，低电显示。

表 3-9　主要蔬菜植株诊断取样时间、部位和标准

蔬菜种类	取样时间	取样部位	NO_3-N（微克/克）		PO_4-P（微克/克）		K（%，干重）	
			不足	充足	不足	充足	不足	充足
番茄	初花期	顶部第四片柄	6 000	10 000	2 000	3 000	2	4
	果实着色期		2 000	4 000	2 000	3 000	1	—
黄瓜	幼果期	顶部第六片柄	5 000	9 000	1 500	2 500	3	3
甜椒	蕾期	成熟幼叶柄	8 000	12 000	2 000	4 000	4	5
	生长中期		3 000	5 000	1 500	2 500	3	6
花椰菜	收获期	成熟幼叶柄	5 000	9 000	2 500	3 500	2	5
芹菜	收获期	初功能叶柄	4 000	6 000	2 000	4 000	3	7
莴苣	生长中期	球叶柄	4 000	8 000	2 000	4 000	2	5
	包心期		3 000	6 000	1 000	2 000	1.5	4
甘蓝	生长初期	外叶叶柄	5 000	9 000	2 500	3 500	2	4
菜豆	初果期	顶部第六片柄	8 000	12 000	2 000	4 000	4	4
甜瓜	生长中期	顶部第六片柄	5 000	9 000	1 500	2 500	3	6
胡萝卜		顶部第四片柄	8 000	12 000	1 200	2 000	9	6
马铃薯		顶部第四片柄	6 000	9 000	800	1 600	9	11

注：2%醋酸溶解的 NO_3-N、PO_4-P 和 K。

3. 缺素症及发生规律

（1）症状表现

①缺氮（N）　蔬菜缺氮的明显症状是植株生长缓慢、矮小，叶片薄而小，整个叶片呈黄绿色，严重时下部老叶几乎呈黄色，干枯死亡。茎细，多木质。根受抑制，较细小。花和果穗发育迟缓，不正常的早熟，种子少而小且粒轻。氮素过多，则表现为植物植株高大、柔软，叶片厚且大，贪青晚熟，易感病，易倒伏，影响产量和品质。

②缺磷（P）　缺磷植株生长缓慢、矮小，地下部生长严重受抑制。叶色暗绿、无光泽，叶柄和叶脉两旁易产生花青素而呈红色或紫色条纹，同时叶柄、叶片上会发生坏疽斑点，从下部老叶开始逐渐死亡脱落。茎细小，多木质。根不发育，主根瘦长，次生根极少或没有。花少，果少，果实成熟延迟，或脱荚落果。种子小而不饱满，粒重下降。缺磷症状一般从下部老叶逐渐向新叶发展。磷素过多还会导致植物锌、铁、镁等元素的缺乏。

③缺钾（K）　缺钾植株较正常植株小且柔弱，容易感染病害。钾在植物体内属易移动性元素，症状先在老叶出现，从老叶尖端开始沿叶缘逐渐变黄，干枯死亡。叶缘似烧焦状，有时出现斑点状褐斑，或叶卷曲、显皱纹。茎细小，节间短，容易倒伏。禾本科作物分蘖多而结穗少，种子瘦小，果肉不饱满，有时果实出现畸形、有棱角、籽粒皱缩。缺钾使植物光合作用减弱，呼吸作用增强，碳水化合物供应减少。钾素过多一般不会对植物发生毒害作用，但易造成钙、镁元素缺乏。

④缺钙（Ca）　缺钙植株矮小，组织坚硬。病态先发生于根部和地上幼嫩部分，未老先衰。幼叶卷曲、脆弱，叶缘发黄，逐渐枯死，叶脉间有枯死现象。茎和茎尖的分生组织受损，茎软下垂，根系生长不良，根尖细脆容易腐烂、死亡，有时根部出现枯斑和裂伤。结实不好或很少结实。缺钙症状首先出现在茎尖、新叶等幼嫩部分，逐渐向下部叶片扩展。

⑤缺镁（Mg） 缺镁症状一般发生在作物生长后期，从下部老叶开始失绿，先叶肉变黄而叶脉然保持绿色，以后叶肉组织逐渐变褐色而死亡。开花受抑制，花的颜色变苍白。症状首先出现在老叶，逐渐向新叶蔓延。

⑥缺硫（S） 缺硫植株普遍失绿，后期生长受抑制。开始幼叶黄化，叶脉先失绿，然后遍及全叶；严重时老叶也变成黄白色，但叶肉仍呈绿色。茎细小，根稀疏，支根少。豆科作物根瘤少。开花结实延迟，果实减少。与缺氮症状有相似之处是叶片黄化，区别是缺氮从老叶开始，缺硫从新叶开始。

⑦缺铁（Fe） 缺铁植株矮小、黄化。失绿症状首先出现在顶端幼嫩部分，新生叶叶肉部分开始缺绿，逐渐黄化，严重时叶片枯黄或脱落。茎、根生长受到抑制。铁过量则降低磷肥肥效。

⑧缺硼（B） 缺硼植株矮小，症状首先出现在幼嫩部分，植株尖端发白，茎及枝条的生长点死亡。新叶粗糙、淡绿色，常呈烧焦状斑点，叶片变红，叶柄易折断。茎脆，分生组织退化或死亡。根粗短，根系不发达，生长点易死亡。花蕾、花或子房易脱落，果实或种子不充实，甚至花而不实，果实畸形，果肉有木栓化现象。缺硼植株新生组织生长不良，根短，叶厚，芽、根枯萎。

⑨缺锰（Mn） 缺锰植株矮小，幼叶叶肉失绿，叶脉间黄化而呈淡绿色，与中肋及主要叶脉邻近部分仍保持绿色而呈宽窄不一的深绿色条带，叶片上常有杂色斑点。茎生长势弱，多木质。花少，果实重量减轻。锰过量则同时表现出缺铁症状。

⑩缺铜（Cu） 缺铜首先出现在新梢叶片，叶色深绿而卷曲，叶基下方的绿色枝条常因碳水化合物的积聚而产生黄色斑点。植株矮小，根茎发育不良，出现失绿现象，易感染病害。禾谷类作物叶尖失绿而黄化，后干枯、脱落，谷穗和芒发育不全，大量分蘖而不抽穗，种子不易形成。铜过量易导致植物缺铁。

⑪缺锌（Zn） 缺锌首先表现于新梢叶片，枝条节间缩短并

簇生，叶小，严重时枝条死亡。植株矮小，根系生长差。果实小或变形，核果、浆果的果肉有紫斑。

⑫缺钼（Mo） 缺钼植株矮小，生长缓慢，易受病虫危害。幼叶黄绿，叶脉间失绿，幼叶上生出黄斑，向内侧卷曲，渐渐地黄斑变褐色。另一症状为叶身沿中肋变小呈鞭状叶。老叶变厚呈蜡质，叶脉间肿大，并向下卷曲，严重时叶片枯萎以至坏死。豆科作物根瘤发育不良，瘤小而少，有效分枝和豆荚减少，粒重下降。

⑬缺氯（Cl） 氯在植体内移动性强，缺氯会抑制生长，造成叶尖凋萎，叶片失绿黄化，最后呈青铜色并干枯而死，根系短，不结果。

（2）发生规律 由于营养元素的生理功能不同，缺素症状发生的部位和形态常有其特定的特点和规律。①容易移动的元素，如氮、磷、钾及镁等，当植物体内不足时就会从老组织移向新生组织，因此缺乏症最初总是在老组织上先出现。②不易移动的元素，如铁、硼、钙、钼等，缺乏症则常常从新生组织开始表现。③铁、镁、锰、锌等直接或间接与叶绿素形成或光合作用有关，缺乏时一般会出现失绿现象。④磷、硼等和糖类的转运有关，缺乏时糖类容易在叶片中滞留，从而有利于花青素的形成，常使植物茎叶呈紫红色带。⑤硼和开花结实有关，缺乏时花粉发育、花粉管伸长受阻，不能正常受精，就会出现花而不实。⑥钙、硼与细胞膜形成有关，缺乏使细胞分裂过程受阻碍，新生组织、生长点萎缩，甚至死亡。⑦锌与生长素形成有关，缺乏时易出现畸形小叶、小叶病等。

（3）相似缺素症状的辨别 有的营养元素缺乏症其症状很相似，容易混淆。例如，缺锌、缺锰、缺铁和缺镁的主要症状都是叶脉间失绿，但又不完全相同，生产中可以根据各元素缺乏症状的特点来辨识。辨别微量元素缺乏症状有3个着眼点，即叶片大小与形状、失绿部位和反差强弱。

①叶片大小和形状 缺锌时叶片小而窄，在枝条的顶端向上直立呈簇生状；缺乏其他微量元素时，叶片大小正常，没有小叶出现。

②失绿部位 缺锌、缺锰和缺镁时，只有叶脉间失绿，叶脉本身和叶脉附近部位仍然保持绿色；缺铁叶片，只有叶脉本身保持绿色，叶脉间和叶脉附近全部失绿，因而叶脉形成了细的网状，严重时较细的侧脉也会失绿；缺镁的叶片，有时叶尖和叶基部仍然保持绿色，这是与其他微量元素缺乏的显著不同之处。

③反差 缺锌、缺镁时，失绿部分呈浅绿色、黄绿色以至于灰绿色，中脉或叶脉附近仍保持原有的绿色。绿色部分与失绿部分相比较时，颜色深浅相差很大，这种情况属反差很强。缺铁时叶片几乎呈灰白色，反差更强。而缺锰时叶片呈深绿或浅绿色，有时要迎着阳光仔细观察才能发现，反差很小。

（六）土壤养分监测与施肥量的确定

1. 土壤养分测定 土壤养分是指土壤提供给作物生长的必需营养元素，包括氮、磷、钾、钙、镁等13种必需营养元素。土壤养分可通过采集土壤样品，在实验室条件下进行检测，但实验室检测成本高、操作烦琐且检测时间较长。若需对土壤养分进行快速测定可用土壤养分检测仪（简称土肥仪或测土仪），在脱离实验室的条件下独立地完成测定。然后对照土壤养分丰缺指标，即可判断所测土地的养分含量多寡，从而更好地利用土壤自身含有的养分，并及时补充含量不足的元素。

现在市场上能够测试、测定、分析土壤养分的测土仪器主要有土壤养分测试仪、土壤养分速测仪、土壤化肥速测仪、近红外土壤养分速测仪等。除近红外土壤养分速测仪采用近红外光谱技术之外，其他测土仪均属于传统快速测量方法。

2. 蔬菜施肥量确定 根据作物产量构成，根据土壤和肥料两方面供给养分的原理计算肥料的施用量。应用时由作物目标产量、作物目标产量需肥量、土壤供肥量、肥料有效养分含量、肥料利用率5个参数构成养分平衡法配方施肥公式，计算施肥量。

$$施肥量 = \frac{目标产量需肥量 - 土壤供肥量}{肥料有效养分含量 \times 肥料利用率}$$

（1）作物目标产量 目标产量就是计划产量，是根据土壤肥力水平确定的，注意不能凭主观愿望认定一个指标。可以当地前3年作物平均产量为基础，高产田增加5%～10%，低中产田增加10%～15%，设施蔬菜增加30%左右，作为目标产量。

（2）作物目标产量需肥量

目标产量需肥量＝作物单位经济产量的养分吸收量×目标产量

作物单位经济产量的养分吸收量是指作物每形成一个单位（如1千克或1000千克）经济产量所吸收的养分量。作物单位经济产量的养分吸收量一般比较稳定，生产中应用时可以参照表3-10。

表3-10 每1000千克商品蔬菜所需氮、磷、钾养分含量

[单位：千克/1000千克（鲜重）]

蔬菜种类	氮	磷	钾	蔬菜种类	氮	磷	钾
大白菜	1.8～2.6	0.4～0.5	2.7～3.1	马铃薯	4.4～4.5	0.8～1	6.5～8.5
结球甘蓝	4.1～6.5	0.5～0.8	4.1～5.7	生姜	6.3	0.6	9.3
花椰菜	7.7～10.8	0.9～1.4	7.6～10	萝卜	2.1～3.1	0.3～0.8	3.2～4.6
番茄	2.1～3.4	0.3～0.4	3.1～4.4	胡萝卜	2.4～4.3	0.3～0.7	4.7～9.7
辣椒	3.5～5.5	0.3～0.4	4.6～6	芹菜	1.8～2	0.3～0.4	3.2～3.3
茄子	2.6～3	0.3～0.4	2.6～4.6	莴苣	2.1	0.3	2.7
黄瓜	2.8～3.2	0.5～0.8	2.7～3.7	菠菜	2.5	0.4	4.4
南瓜	4.3～5.2	0.7～0.9	4.4～5	大蒜	4.5～5	0.5～0.6	3.4～3.9

续表 3-10

蔬菜种类	氮	磷	钾	蔬菜种类	氮	磷	钾
苦瓜	5.3	0.8	5.7	大葱	2.7～3	0.2～0.5	2.7～3.3
菜豆	10.1	1	5	洋葱	2～2.4	0.3～0.4	3.1～3.4
豇豆	12.2	1.1	7.3	韭菜	5～6	0.8～1	5.1～6.5
豌豆	12～16	2.2～2.6	9.1～10.8	草莓	6～10	1.1～1.7	＞8.3

（3）**土壤供肥量**　土壤供肥量是指一季作物在生长期中从土壤中吸收的养分，通过土壤养分测定值来换算，其公式：

土壤供肥量（千克）＝土壤养分测定值（毫克／千克）× 0.15 ×校正系数

式中：0.15 为换算系数，即把 1 毫克／千克的速效养分，按照每亩表土 15 万千克换算成土壤养分量（千克／亩）。

校正系数是作物实际吸收养分量与土壤养分测定值的比值，常通过田间空白试验及下列公式求得。

校正系数＝（空白田产量×作物单位产量养分吸收量）／ 养分测定值× 0.15

（4）**肥料利用率**　肥料利用率是指当季作物从所施肥料中吸收的养分占施入肥料养分总量的百分比。肥料利用率测定大多采用差减法，其计算公式：

肥料利用率＝（施肥区作物体内该元素吸收养分量－无肥区作物体内该元素吸收养分量）／所施肥料中该元素的总量

（5）**施肥量计算**

施肥总量＝（目标产量需肥量－土壤有效养分测定值× 0.15 × 校正系数）／（肥料有效养分含量×肥料利用率）

在掌握各种有机肥料利用率的情况下，可先计算出有机肥料中的养分含量，同时计算出当季能利用多少，然后从施肥总量中减去有机肥中能利用的部分，留下的就是化肥施用量。

化肥施用量＝（施肥总量－有机肥用量×养分含量×该有机肥当季利用率）/（化肥养分×化肥当季利用率）

（6）**实际施肥量确定方法**　生产中实际施肥量确定方法是先根据蔬菜作物的需肥规律、地块的肥力水平及目标产量计算总施肥量及氮、磷、钾等营养元素的比例，以及基肥与追肥的比例。再根据肥料的质量，计算出作为蔬菜追肥的化肥使用量，然后按照不同蔬菜作物生长期的需肥特性，拟定不同蔬菜各生育期的施肥方案，确定其追肥次数和数量。实施滴灌施肥技术可使肥料利用率提高 40%～50%，故滴灌施肥的用肥量为常规施肥的 50%～60%。生产中应注意防止一次性肥料用量过大而造成高盐害。例如，黄瓜属于中等耐盐性蔬菜，当土壤中含盐量达到 0.2%～0.3%时，其生长受到严重抑制，减产 50%。因此，一次施肥量不宜高于最大限量的 2/3，尤其是施用氯化铵和氯化钾时更应谨慎，因氯化盐类对提高土壤溶液浓度的作用更显著。

（七）肥料的选择

1. 水肥一体化技术对肥料的基本要求　①溶解性好。良好的溶解性是保证水肥一体化技术顺利实施的基础，液体肥料和常温下能够完全溶解的固体肥料都可以施用，溶解后要求溶液中的养分浓度较高，但不会产生沉淀堵塞过滤器和灌水器出水口。②兼容性强。水肥一体化技术要求肥料的养分纯度高，没有杂质，肥料配制时肥料之间不能产生拮抗作用，与其他肥料混合应用基本不产生沉淀，保证 2 种或 2 种以上养分能够同时施用。③腐蚀性小。当微灌系统的设备与肥料直接接触时，设备容易被腐蚀而生锈或溶解。有些肥料具有强腐蚀性，如用铁制施肥罐施磷酸肥会溶解金属铁,铁与磷酸根生成磷酸铁沉淀,因此生产中应注意选用腐蚀性小的肥料。④肥料溶解于水后不引起灌溉水 pH 值的剧烈变化。⑤微量元素肥料一般不与磷素同时施用,以免形成磷酸盐沉淀堵塞滴头。

2. 用于灌溉施肥的肥料种类 滴灌施肥系统施基肥与传统施肥相同,包括多种有机肥和多种化肥。但滴灌追肥的肥料品种必须是可溶性肥料,固体肥料和液体肥料均可,要求在常温条件下能完全溶解。养分含量适宜的液体肥料品种少、价格高且不便运输,生产中很少使用;水溶性专用固体肥料,养分高,配比合理,溶解性好,可兼作叶面肥喷施,但存在价格高的问题;溶解性好的普通固体肥料,生产中应用较为普遍,容易购买,但产品质量优劣不一,部分产品含有不溶性杂质,常常造成管道堵塞。为了保证管道畅通和使用年限,必须使用水溶性肥料或优质的溶解性好的普通固体肥料(表 3-11)。

符合国家标准或行业标准的尿素、氨水、硫酸铵、硝酸铵、碳酸氢铵、氯化铵、磷酸二氢铵、磷酸氢二铵、硫酸钾、氯化钾、磷酸二氢钾、硝酸钾、硝酸钙、硫酸镁等,肥料纯度较高,杂质较少,溶于水后不会产生沉淀,均可用作灌溉施肥。颗粒状复合肥一般不作为灌溉施肥;沼液或腐殖酸液肥,经过滤后方可用作灌溉施肥,以免堵塞管道;微量元素肥料一般不能与磷肥同时灌溉施用,以免形成不溶性磷酸盐沉淀,堵塞滴头或喷头。微量元素应选用螯合态肥料。

表 3-11　用于灌溉施肥的常用氮、磷、钾肥

肥　料	养分含量	分子式	pH 值(1 克 / 升,20℃)
尿素	46-0-0	$CO(NH_2)_2$	5.8
硝酸钾	13-0-46	KNO_3	7
硫酸铵	21-0-0	$(NH_4)_2SO_4$	5.5

续表 3-11

肥 料	养分含量	分子式	pH 值（1 克/升，20℃）
尿素 - 硝酸铵	32-0-0	$CO(NH_2)_2 \cdot NH_4NO_3$	—
硝酸铵	34-0-0	NH_4NO_3	5.7
硝酸钙	15-0-0	$Ca(NO_3)_2$	5.8
硝酸镁	11-0-0	$Mg(NO_3)_2$	5.4
磷 酸	0-52-0	H_3PO_4	2.6
磷酸二氢铵	12-61-0	$NH_4H_2PO_4$	4.9
磷酸氢二铵	21-53-0	$(NH_4)_2HPO_4$	8
氯化钾	0-0-60	KCl	7
硫酸钾	0-0-50	K_2SO_4	3.7
硫代硫酸钾	0-0-25	$K_2S_2O_3$	—
磷酸二氢钾	0-52-34	KH_2PO_4	5.5

水溶性肥料（Water Soluble Fertilizer，WSF），是一种可以完全溶于水的多元复合肥料，能迅速溶解于水中，容易被作物吸收，而且吸收利用率相对较高，可以应用于喷滴灌等设施农业，实现水肥一体化，达到省水省肥省工的效能。一般而言，水溶性肥料可以含有作物生长所需要的全部营养元素，如氮、磷、钾、钙、镁、硫及微量元素等。生产中可以根据作物生长对营养需求特点设计施肥配方，科学的肥料配方，肥料利用率是普通复合化学肥料的 2～3 倍（我国普通复合肥的利用率仅为 30%～40%）。同时，水溶性肥料是速效性肥料，种植者能较快地看到施肥效果，及时根据作物不同长势对肥料配方进行调整。水溶性肥料的施用方法十分简便，可以随着灌溉水包括喷灌、滴灌等方式进行灌溉施肥，既节水、节肥，又节省劳动力，在劳动力成本日益高涨的今天，使用水溶性肥料的效益是显而易见的。由于水溶性肥料的施用方法是随水灌溉，施肥极为均匀，可提高产量和品质。水溶性肥料一般杂质少，电导率低，使用浓度调节方便，

即使对幼嫩的秧苗也十分安全，不用担心引起烧苗等不良后果。根据作物对养分的要求，大量元素水溶性肥料应具备以下特点：①成分中加入的水溶螯合态微量元素组合物，要避免与磷元素产生拮抗效应。②使作物具备抗逆增产特性，显著提高作物的光合作用，提升作物产量和品质，增加含糖量，增强抗寒、抗旱、抗病、抗倒伏等抗逆性能，延长保鲜期。③加入高钾型配方，迅速满足果实、籽粒等膨大时对钾的需求，增加果品甜度，改善果实着色，延长贮存时间。

3. 肥料之间及肥料与其他因素的相互作用

（1）不同肥料混合施用的要求　不同肥料混合施用时不仅要求肥料在常温下可以完全溶解，而且在施用过程中必须保证各元素之间的相容性，不能有沉淀物产生，不能改变各自的溶解度。在对肥料性质不了解时，尽可能采取分批或隔日施入法。在实际操作中，对于混合产生沉淀的肥料可以分别采用单一注入的办法，或采用 2 个以上的贮肥罐把混合后相互作用会产生沉淀的肥料分别贮存分别注入。

（2）氮肥选择范围宽　氮肥是滴灌系统施用最多的肥料，选择范围较大。氮肥一般水溶性好，非常容易随着灌溉水滴入土壤而施到作物根区。尿素及硝酸铵最适合于滴灌施肥，施用这 2 种肥料的堵塞风险最小。由于氨水会增加水的 pH 值，一般不推荐滴灌施肥。在气温较低条件下，尿素、硝酸钾及硝酸钙溶解时要吸收水中的热量，水的温度大幅降低，为了充分溶解最好让溶液放置 2 小时左右，随着温度升高使其余未溶解部分会逐渐全部溶解。另外，在配制磷酸和尿素肥液时先加入磷酸，可利用磷酸的放热反应使溶液温度升高，然后加有吸热反应的尿素，这样对增加低温地区肥料的溶解度具有积极作用。灌溉水中铵态氮 / 硝态氮比率大小影响土壤 pH 值，根据蔬菜作物氮素养分吸收特点，在选择滴灌专用肥时，要注意氮的形态和比例，一般掌握在铵态氮占 1/3、硝态氮 2/3；若配施酰铵态氮，则不宜过多。

（3）**磷肥采用滴灌系统施肥要谨慎**　最适宜的磷肥品种是磷酸二氢钾，其溶解性好，同时可提供磷营养和钾营养，但价格较高。磷酸是液体肥料，适宜微灌施肥，但购买运输存在局限性。大部分磷酸二氢铵含有较多不溶解物，须经过严格的溶解过滤后才能注入灌溉系统。磷酸氢二铵基本上都经过固化造粒，不能用于微灌施肥。建议生产中将作物所需的磷肥大部分或全部通过基肥施入土壤。

（4）**钾肥合理选用**　钾肥以氯化钾、磷酸二氢钾为主，农业级硫酸钾溶解度差，不适合用于微灌施肥系统。氯化钾具有溶解速度快、养分含量高、价格低的优点，对于非忌氯作物或土壤有淋洗渗漏条件的，氯化钾是用于灌溉施肥最好的钾肥。但某些对氯敏感作物要合理施用以防氯害。生产中可以根据作物耐氯程度采用硫酸钾和氯化钾配合施用。

（5）**施用螯合态微肥**　一般微肥应基施或叶面喷施，螯合态微肥可以与大量元素肥料一起加入灌溉水中施用。非螯合态微肥，即使不与其他元素肥料混合施用，在 pH 值较高的水中，也可能产生沉淀。

（6）**肥料与灌溉水的反应**　灌溉水中通常含有各种离子和杂质，如钙离子、镁离子、硫酸根离子、碳酸根离子和碳酸氢根离子等，这些离子达到一定浓度就会影响肥料溶解性，或与肥料中有关离子反应而产生沉淀。在水的 pH 值大于 7.5、钙和镁含量大于 50 毫克 / 千克、碳酸氢根离子大于 150 毫克 / 千克时，钙和镁离子与肥料中的磷酸根离子、硫酸根离子结合形成沉淀，容易造成滴头和过滤器的堵塞。因此，灌溉水硬度较大时，应选用酸性肥料进行灌溉施肥。

（7）**灌溉水养分浓度的控制**　在施肥过程中，灌溉水养分浓度较高，蔬菜生长前期应控制在 0.064% 以下，生长后期应控制在 0.192% 以下，以保证蔬菜施肥安全。

（8）**施肥系统安装与操作要规范**　化肥注入一定要在水源与

过滤器之间，肥（药）液先经过过滤器之后再进入灌溉管道，使未溶解的化肥和其他杂质被清除掉，以免堵塞管道及灌水器。施肥后必须利用清水把残留在系统内的肥液全部冲洗干净，以防设备被腐蚀。在化肥或农药输液管出口处与水源之间一定要安装逆止阀，防止肥（药）液流进水源，同时严禁将化肥和农药加进水源而造成环境污染。

4. 肥料选择施用的简化方法　实际生产中，一般基肥与滴灌追肥相结合，氮、钾、镁肥可全部通过滴灌系统追施，磷肥若用过磷酸钙作基肥，也可撒在滴灌管下或水能浸湿到的根系周围地面，不需要覆土。有机肥作基肥，微肥最好通过叶面喷施。有条件的尽可能选用具有完全水溶性、良好相容性、呈弱酸性、盐分指数低、全营养性的滴灌专用肥施用。也可选用单质肥料配制，在选择单质肥料自配滴灌肥料时，一定要注意肥料的水溶性和相容性，对容易发生拮抗反应的肥料采用隔日法施入。滴灌追肥量一般应掌握在冲施追肥的 50%～70%，不能过多。

（八）滴灌营养液的配制

1. 配制方法　生产中配制营养液一般分为浓缩贮备液（也叫母液）的配制和工作营养液（也叫栽培营养液）的配制 2 个步骤，前者是为方便后者的配制而设的。

（1）浓缩贮备液配制　配制浓缩贮备液时，不能将所有盐类化合物溶解在一起，因为浓度较高，有些阴离子、阳离子间会形成难溶性电解质而引起沉淀，所以一般将浓缩贮备液分成3种，即 A 母液、B 母液、C 母液。A 母液以钙盐为中心，凡与钙反应不产生沉淀的盐均可溶于其中，如硝酸钙和硝酸钾等；B 母液以磷酸盐为中心，凡与磷酸根反应不形成沉淀的盐都可溶于其中，如磷酸二氢铵和硫酸镁等；C 母液为微量元素母液，由铁（如乙二胺四乙酸二钠铁 $Na_2FeEDTA$）和各微量元素合在一起配制而成。母液的倍数应根据营养液配方规定的用量和各种盐类化合物在水中的溶解度确定，以不致过饱和而析出为准。例如，大量元素 A 母液、B 母液可浓缩为 200 倍，微量元素 C 母液，因其用量小可浓缩为 1 000 倍。母液在长时间贮存时，可用硝酸酸化至 pH 值 3～4，以防产生沉淀。母液应贮存于黑暗容器中。

（2）**工作营养液配制**　工作营养液一般用浓缩贮备液来配制，在加入各种母液的过程中，也要防止局部的沉淀出现。首先在大贮液池内放入相当于要配制营养液体积 40% 的水量，将 A 母液加入其中，开动水泵使其流动扩散均匀。再将应加入的 B 母液慢慢注入水泵口的水源中，让水源冲稀 B 母液后带入贮液池中参与流动扩散，此过程所加的水量以达到总液量的 80% 为好。然后将 C 母液同样随水冲稀带入贮液池中参与流动扩散。最后加足水量，继续流动搅拌一段时间使之达到均匀。配制营养液要避免产生难溶性沉淀，采用合格的平衡营养液配方配制的营养液应不出现沉淀。配制时可运用难溶性电解质溶解度法则进行指导，以免产生沉淀。在称量肥料和配制过程中，应注意名实相符，避免称错肥料，在反复核对确定无误后方可配制，同时应详细填写记录。

2. 营养液酸碱度（pH 值）的调整　大多数蔬菜作物根系在 pH 值 5.5～6.5 的酸性环境下生长良好，营养液 pH 值在栽培过程中也应尽可能保持在这一范围之内，以促进根系的正常生长。此外，pH 值直接影响营养液中各元素的有效性，从而使作物出现缺素或元素过剩症状。营养液的 pH 值变化是以盐类组成和水的性质（软硬度）等为物质基础，以植物的主动吸收为主导而产生的。尤其是营养液中生理酸性盐和生理碱性盐的用量比例，其中以氮源和钾源的盐类起作用最大。例如，硫酸铵、氯化铵、硝酸铵和硫酸钾等可使营养液的 pH 值下降到 3 以下，为了减轻营养液 pH 值变化的强度，延缓其变化的速度，可以适当加大每株植物营养液的占有体积。营养液 pH 值监测的最简单方法是用石蕊试纸进行比色，可测出大致的 pH 值范围。现在市场上已有多种便携式 pH 仪，测试方法简单、快速、准确，是进行无土栽培必备的仪器。

当营养液 pH 值过高时，可用硫酸、硝酸或磷酸调节；pH 值过低时，可用氢氧化钠或氢氧化钾来调节。具体方法是取出定量体积的营养液，用已知浓度的酸或碱逐渐滴定加入，达到要求 pH 值后计算出其酸或碱用量，推算出整个栽培系统的总用量。滴定加入时，要用水稀释为 1～2 摩 / 升的浓度，然后缓缓注入贮液池中，随注随拌，注意不要造成局部过浓而产生硫酸钙或氢氧化镁、氢氧化钙等沉淀。一般一次调整 pH 值的范围应不超过 0.5，以免对作物生长产生影响。

3. 蔬菜常用营养液配方 各国科学家先后研制出数百种营养液配方，其中，荷格伦特（Hoagland）营养液和日本的山崎配方营养液应用比较广泛。蔬菜常用营养液配方有以下 13 种（表 3-12 至表 3-24）。

表 3-12 荷格伦特营养液配方

大量元素	每升培养液中加入的毫升数	微量元素	每升培养液中加入的克数
磷酸二氢钾	1	硼酸	2.86
硝酸钾	5	四水氯化锰	1.81
硝酸钙	5	七水硫酸锌	0.22
硫酸镁	2	五水硫酸铜	0.08
		一水钼酸	0.02

表 3-13 霍格兰和阿农通用营养液配方 （Hoagl 和 Arnon）

肥料名称	用量（毫克 / 升）	肥料名称	用量（毫克 / 升）
硝酸钙	945	磷酸二氢铵	115
硫酸钾	607	硫酸镁	493

表 3-14　微量元素用量（各配方通用）

肥料名称	用量（毫克/升）	肥料名称	用量（毫克/升）
EDTA 铁钠盐	20～40	硫酸锰	2.13
硫酸亚铁	15	硫酸铜	0.05
硼　酸	2.86	硫酸锌	0.22
硼　砂	4.5	钼酸铵	0.02

表 3-15　茄子营养液配方（日本山崎）

肥料名称	用量（毫克/升）	肥料名称	用量（毫克/升）
硝酸钙	354	磷酸二氢铵	115
硫酸钾	708	硫酸镁	246

表 3-16　甜椒营养液配方（日本山崎）

肥料名称	用量（毫克/升）	肥料名称	用量（毫克/升）
硝酸钙	354	磷酸二氢铵	96
硫酸钾	607	硫酸镁	185

表 3-17　甜瓜营养液配方（日本山崎）

肥料名称	用量（毫克/升）	肥料名称	用量（毫克/升）
硝酸钙	826	硫酸镁	370
硝酸钾	607	磷酸二氢铵	153

表 3-18　日本园艺配方均衡营养液

肥料名称	用量（毫克/升）	肥料名称	用量（毫克/升）
硝酸钙	950	硼　酸	3
硝酸钾	810	硫酸锰	2
硫酸镁	500	硫酸锌	0.22
磷酸二氢铵	155	硫酸铜	0.05
EDTA 铁钠盐	15～25	钼酸钠或钼酸铵	0.02

表3-19　番茄营养液配方 （荷兰温室园艺研究所）

肥料名称	用量（毫克／升）	肥料名称	用量（毫克／升）
硝酸钙	1 216	硫酸钾	393
硝酸铵	42.1	硝酸钾	395
磷酸二氢钾	208	硫酸镁	466

表3-20　番茄营养液配方 （陈振德等）

肥料名称	用量（毫克／升）	肥料名称	用量（毫克／升）
尿　素	427	硫酸锰	1.72
磷酸二铵	600	硫酸锌	1.46
磷酸二氢钾	437	硼　酸	2.38
硫酸钾	670	硫酸铜	0.2
硫酸镁	500	钼酸钠	0.13
EDTA 铁钠盐	6.44		

表3-21　番茄营养液配方（山东农业大学）

肥料名称	用量（毫克／升）	肥料名称	用量（毫克／升）
硝酸钙	590	硫酸镁	492
硝酸钾	606	过磷酸钙	680

表3-22　黄瓜营养液配方 （山东农业大学）

肥料名称	用量（毫克／升）	肥料名称	用量（毫克／升）
硝酸钙	900	硫酸镁	500
硝酸钾	810	过磷酸钙	840

表 3-23　西瓜营养液配方（山东农业大学）

肥料名称	用量（毫克/升）	肥料名称	用量（毫克/升）
硝酸钙	1 000	过磷酸钙	250
硝酸钾	300	硫酸钾	120
硫酸镁	250		

表 3-24　芹菜营养液配方（王学军）

肥料名称	用量（毫克/升）	肥料名称	用量（毫克/升）
硝酸钙	295	硫酸钙	123
硫酸钾	404	硫酸镁	492
重过磷酸钙	725		

4. 确定和选择营养液配方　生产中确定和选择营养液配方，一方面要根据不同蔬菜作物对各种营养元素的实际需要，另一方面要考虑蔬菜作物不同的吸肥特性。不同蔬菜作物和品种，同一蔬菜不同生育阶段，对各种营养元素的实际需要也有很大的差异。所以，在确定营养液的配方时，要先了解各类蔬菜作物及不同品种各个生育阶段对各类必需元素的需要量，以此为依据，来确定营养液的组成成分和比例。营养液配方的组配，除了依据不同种类蔬菜作物对主要营养元素的需求外，还要根据作物的吸肥特性来确定。

各种蔬菜作物吸收营养元素的特点：①水分直接影响矿质元素的吸收和运输，矿质元素只有溶解于水才能被植物吸收，但两者之间不成正比例关系，各具相对的独立性。②作物根对矿质元素具有选择吸收的特点。根系吸收盐类离子的数量不与溶液中的离子成比例，甚至同一盐类的阴、阳离子，也以不同比例进入植物体，使得营养液成分和酸碱度逐渐改变。③单盐毒害离子间的拮抗作用。任何作物在含单一盐类的营养液中不能生长，称为单盐毒害；如果在其中加入少量其他盐类，则能使其单盐毒害消除，这种离子间能够相互消除毒害的现象，叫拮抗作用。

三、蔬菜栽培水肥一体化系统建立

（一）水肥一体化系统的要求

1. 水源要求 水肥一体化必须保证水源清洁，如果在山顶建水池，水源尽量采用泉水、河水、塘水，否则容易堵塞滴头。另外，水池要加盖遮挡，防止紫外线照射及杂物掉入。滴灌的入口管道要用筛网包裹进行粗过滤。

2. 施工要求 精心施工，防止泥土掉入管道。施工完毕后，先打开管道末端阀门，冲洗管道内的杂物，然后再试水灌溉。

3. 施肥要求 在使用滴灌施肥的过程中，应尽量使用可溶性化肥。如果必须使用水溶性较差的化肥，必须在单独的容器里溶解过滤后才能使用。

4. 日常维护使用要求 由于对滴灌水质的精度要求高，生产中必须经常清洁水池，清洗过滤器，每次灌溉后均要清洗过滤器，以延长使用寿命。

（二）滴灌系统的设计

滴灌系统设计时，要根据地形、地块、种植单元、土壤质地、作物种植方式、水源特点等情况，来设计管道系统的埋设深度、长度、灌区面积等。水肥一体化灌水方式可采用管道灌溉、喷灌、微喷灌、泵加压滴灌、重力滴灌、渗灌、小管出流等。忌用大水漫灌，以免降低氮素和水分利用率。

1. 滴灌系统规划

（1）规划的基本原则 ①滴灌工程的规划应与农田基本建设规划相结合，与当地农业区划、农业发展计划、水利规划及农田基本建设规划相适应，特别是应与低压管道输水灌溉技术相结合统筹安排。综合考虑与规划区域内沟、渠、林、路、输电线路、水源等布置的关系，考虑多目标综合利用，充分发挥已有水利工程的作用。②近期需要与长远发展规划相结合。根据当前经济状况和今后农业发展的需要，把近期安排与长远发展规划结合起来，讲求实效，量力而行，根据人力、物力和财力做出分期开发计划。③综合考虑工程的效益。充分发挥滴灌技术节水、节支、增效，提高劳动生产率，减轻劳动强度，增加农产品产量，改善产品品质等优势，把滴灌的经济效益、社会效益和生态效益有机结合起来，使滴灌工程的综合效益最大化。

（2）规划的内容 ①勘测收集基本资料。②论证工程的必要性和可行性。③确定工程的控制范围和规模。④选择适当的取水方式。根据水源条件，选择引水到高位水池、提水到高位水池、机井直接加压、地面蓄水池配机泵加压等滴灌取水方式。⑤滴灌系统选型。根据当地自然条件和经济条件，因地制宜地从技术可行性和经济合理性方面选择系统形式及灌水器类型。⑥工程布置。在综合分析水源加压形式、地块形状、土壤质地、作物种植密度与行向、地面坡度等因素的基础上，确定滴灌系统的总体布置方案。⑦做出工程概算。

（3）资料的收集

①自然条件

第一，地理位置及地形。项目区经纬度、海拔高度及有关自然地理特征；地形图，比例尺一般为 1/1 000～1/5 000，图上要标清项目区范围、水源位置、交通道路、输电线路、地面附着物等。

第二，土壤。项目区土壤特性包括土壤质地、土层厚度、渗透系数、容重、土壤水分常数、土壤温度及盐碱情况等。

第三，水文地质和工程地质资料。浅层地下水位及其随季节的变化，滴灌工程中各项建筑设施位置的地质条件等。

第四，作物。作物种类、品种、种植结构及分布，各生育阶段的时间、日需水量、当地灌溉试验资料、灌溉制度、灌水经验、主要根系活动层深度等。

第五，水源。水源水位（机井的静水位、动水位或地表水源在灌溉期低水位及高水位）、供水流量、水质分析报告、水中泥沙含量、泥沙粒径级别等。

第六，气象。温度、湿度、蒸发量、多年平均降水量、灌溉季节有效降水量、无霜期及最大冻土深度等。

②生产条件

第一，水利工程现状。引水、蓄水、提水、输水和机井等工程的类别、规模、位置、容量、配套完好程度和效益情况。

第二，生产现状。作物历年平均单产、旱情、盐碱、虫灾、干热风、低温霜冻灾害及减产情况。

第三，动力和机械设备。电力或燃料供应、动力消耗情况、已有动力机械如农用耕种、收割机械情况。

第四，当地材料和设备生产供应情况，如滴灌工程建筑材料和各种管材、设备来源、单价、运距及当地生产的产品、设备质量、性能、市场供销情况等。

第五，农田规划及现状。项目区农田规划及路、渠、林、电力线路等布置状况。

③社会经济状况

第一，项目区的行政区划和管理。包括所在县（市）、乡（镇）、村、组名称和人口、劳力、民族及文化、农业生产承包方式、管理体制、技术管理水平等。

第二，经济条件。工农业生产水平、经营管理水平、劳动力管理方式及农业人口的经济状况。

（4）滴灌系统的布置　①总体布置规划阶段。工程布置主要是确定灌区具体位置、面积、范围及分区界限；确定水源位置，对沉淀池、泵站、首部等工程进行总体布局；合理布设主干管线。地形状况和水源在灌区中的位置对管道系统布置影响很大，一般将首部枢纽与水源工程布置在一起。②滴灌系统根据水源位置及系统规模大小，其管道一般分为干管、支管（辅管）、毛管或主干管、分干管、毛管。③干管埋入地下 ≥ 80 厘米，在管道起伏的高处、顺坡管道上端阀门下游、逆止阀的上游均应设置进气阀、排气阀，管道末端设排水阀，可将余水排入渗井或排水渠。④支管、辅管和毛管铺设于地面，支管通过出地管与干管相连，毛管铺在地膜下与播种同步进行。

2. 滴灌工程设计

（1）系统设计参数的确定

①基本参数

第一，根据自然和经济条件设计保证率，滴灌应不低于85%。

第二，灌溉水的利用率应不低于0.9。

第三，根据不同水源和农业技术条件设计系统的日工作时间，一般不宜大于20小时。

第四，设计耗水强度（Ea）。采用作物耗水强度峰值，一般由当地试验资料确定；无试验资料时，粮、棉等大田作物采用膜下滴灌可根据本地情况在3～6毫米/天之间选取设计耗水强度。

第五，滴头设计工作水头。规范规定滴头设计工作水头应取所选滴头的额定工作水头，或由滴头压力与流量关系曲线确定，但不宜低于2米。灌水器的工作水头越高，灌水均匀度越易保证，但系统的运行费用高。灌水器的设计工作水头应根据地形和所选用的灌水器的水力性能决定。单翼迷宫式滴灌带的工作压力最好在0.05～0.1兆帕之间，生产中可根据所选滴灌带滴头的流态指数及其实际工作水头确定滴头实际出流量及相应的允许水头差。

②灌溉制度

第一，设计灌水定额。根据当地试验资料按下面公式计算：

$$m = 0.1\, rph\,(\theta_{max} - \theta_{min})/\eta$$

土壤适宜含水率（占干土重的百分比），上限 θ_{max} 可取田间持水率的 90%，下限 θ_{min} 可取田间持水率的 60%。

第二，设计灌水周期（T），按公式求得的值为作物需水高峰期的灌水周期。

$$T=(m/Ea)\eta$$

第三，一次灌水延续时间（t）。

$$t=m \cdot Se \cdot Sr/(\eta q_d)$$

Se 为作物种植株距（米）；

Sr 为作物种植行距（米）；

q_d 为滴灌带的设计流量（升/时）。

第四，灌水次数与灌水总量。灌水总量应由当地灌溉试验资料确定；无试验资料时，可根据当地的气象资料按彭曼法计算。计算出总需水量后，根据作物各生育期的需水量确定不同时期的灌水定额及灌水周期，确定灌水总次数，然后再合理分配灌溉水量。

上面求得的灌水定额是在作物的适宜土壤含水率范围条件下，在计划湿润层内的土壤最大贮水量，当灌水量大于计算值时，土壤含水量将超过作物所要求的适宜值，影响作物生长，同时灌溉水的深层渗漏，还会造成灌溉水的浪费。

上面求得的灌水周期和一次灌水延续时间为作物需水高峰期的值，需水量也不相同，应根据作物的生长过程做相应的调整。

上面计算的灌水周期和灌水量也可以说是最大值，但不一定是最合理的值。生产中可以根据作物日耗水量确定作物的灌水量和灌水周期，如作物日平均毛耗水量（净耗水量除以田间灌溉水利用系数）为 5 毫米/天，则 1 次灌水 30 毫米（20 米^3/亩），那么 6 天为 1 个灌水周期，也就是说 30 毫米水够作物消耗 6 天。如果 1 次灌水 15 毫米（10 米^3/亩），则 3 天为 1 个灌水周期。

③灌水均匀度　影响灌水均匀度的因素主要有水力影响（水头损失引起的压力变化）、制造偏差、堵塞、地面坡度、滴头流

量及滴头间距等，其中制造偏差、地面坡度、滴头流量及滴头间距可视为已知量。堵塞引起的均匀度变化带有一定偶然性，可通过增加灌水器泥沙通过能力和过滤装置进行水质处理解决，在微灌水力设计时，应尽可能减少水力摩阻损失所造成的不均匀性。设计时可将灌水小区内的流量偏差率控制在 20% 以内，以保证灌水小区内的均匀性，各小区间的均匀性可以通过调压措施保证，各轮灌组之间的均匀性则可通过调整运行时间、系统流量、压力等措施来实现。

（2）**滴灌系统设计**　内容包括系统的布置、灌水器的选择、系统与各级管道设计流量的确定、管网的水力计算与管径的确定以及泵站、沉淀池、首部的设计等，写出设计说明书。提出工程材料、设备及预算清单、施工及运行管理要求。

①滴头的选择　滴头选择是否恰当，直接影响工程的投资和灌水质量。设计人员应熟悉各种灌水器的性能和适用条件，从以下因素考虑选择适宜的灌水器：作物种类和种植模式；土壤性质；工作压力及范围；流量压力关系；灌水器的制造精度；对温度变化的敏感性；对堵塞、淤积、沉淀的敏感性。流道规格 <0.7 毫米为非常敏感、0.7～1.5 毫米为敏感、大于 1.5 毫米为不敏感，流速 4～6 米 / 秒可满足抗堵性能；滴头与毛管连接处的水头损失；成本与价格。

②滴头选择中的误区　包括：滴头流量越大越好；滴头流量大，轮灌周期短、轮灌速度快；滴头额定流量就是滴头的实际工作流量。

③干管、支管、毛管应综合考虑

第一，毛管铺设方向必须顺延作物种植方向。

第二，毛管的间距（SL）应根据作物种植的株距、行距和需水要求，结合土壤性质及毛管自身的水力特性决定。

第三，毛管的铺设间距一旦被确定，则每亩毛管用量和本滴灌系统毛管的总用量是一个定值。

每亩毛管用量：$L_{亩} = 667/SL$（米）

系统毛管总用量：$L_{系} = L_{亩} \times A$（米）

式中：

　　SL 为毛管的间距（米）；

　　$L_{亩}$ 为每亩毛管用量（米/亩）；

　　$L_{系}$ 为系统毛管总用量（米）；

　　A 为滴灌系统总面积数。

第四，毛管的计算极限长度，是毛管的最大铺设长度的限值；毛管的实际铺设长度视本地块尺寸及由其制约的支管间距来确定。但无论毛管的实际铺设长度最后确定是多少，每亩用量、系统毛管总用量不变。

第五，毛管上出水孔间距和孔的出水量由作物需水要求、土壤性质、气候条件等综合因素确定。

第六，在平坡地形条件下，毛管与支（辅）管相互垂直，并在支（辅）管两侧对称布设。在均匀坡地形条件下，毛管在支（辅）管两侧布设，并依据毛管水力特性计算，逆坡向短，顺坡向长；当逆坡向水力特性不佳时，则仅采用顺坡向铺设。

第七，布设毛管时，不能穿越田间机耕作业道路。

第八，平坡及一定的均匀坡地形范围大多采用非补偿式灌水器，地形坡度大或起伏大时，压力变化大则采用压力补偿式灌水器。必要时，需在毛管进口设置压力流量调节器。

④支管的布置形式

第一，支管往往是构成灌水小区的关键因素，支管的长短要满足小区内灌水均匀度的要求。

第二，当有辅管，并构成辅管的灌水范围内的灌水小区时，则支管的长度不受灌水小区水力特性的制约。

第三，当有辅管，并由毛管、辅管、支管共同形成灌水小区时，支（辅）管的长度要根据小区内允许水头差、允许流量偏差来确定，其实际铺设长度还要根据其铺设方向线上地块的长度，进行合理调整。

第四，支管的实际铺设长度决定着分干管的列数，铺设长度长、分干管列数减少，对降低管网系统投资起明显作用。

第五，支管的间距由毛管的实际铺设长度制约，并依据毛管铺设方向线上地块的长度合理调整决定。毛管长度长、支管间距大，支管的列数就减少，对降低管网系统投资起着一定的作用。

第六，按系统压力均衡需要，必要时在支管进口设置压力流量调节器。

第七，就大田作物膜下滴灌而言，支管的实际铺设长度以100～150米较适宜，常用 PE 管材铺设于地表，灌溉期结束后回收保管，可多年使用，管径一般为 $\phi 63$、$\phi 75$、$\phi 90$。辅管基本上采用 $\phi 32$，较少采用 $\phi 40$。

第八，双向布设毛管的支管，不要使毛管穿越田间机耕道路。当毛管在支管一侧布置时，支管可以平行田间道路布设。

第九，辅管的布置及与其他管道的相互关系与支管类同，文中多处用"支（辅）管"表达，即是这个含意。

第十，沿毛管铺设方向地形为均匀坡时，如毛管在支管两侧双向布置，上、下坡毛管进口压力相等，但铺设长度不同，支管位置应能使上坡和下坡毛管上的最小压力水头相等。

⑤分干管布置

第一，分干管的作用是按轮灌方案向支管配水，其布置受支管的实际铺设长度制约。支管长度长、分干管的列数少，分干管的总数量就小。

第二，分干管与干管垂直并在干管的两侧布置，力求对称。若因干管布置的特殊要求，有时只能在干管一侧布设。

第三，每条分干管的实际铺设长度根据支管布置确定。

第四，管网系统中分干管采用 PVC–U 管，埋设在冻土深度以下。常用 $\phi 110$、$\phi 160$、$\phi 200$ 等管径作分干管。

第五，分干管布设尽量与道路、沟渠同向，以便运输、安装和维护，但应考虑由其供水的支管铺设和运行需求。

第六，减少分干管数量对降低系统投资有显著作用。

⑥干管布置

第一，干管是管网系统中的纲，它的起点由所灌溉地块的地形条件及首部枢纽的位置来确定。其铺设位置方向决定着整个管网系统的布置和运行方式，从而决定着管网系统的总投资。

第二，一般将干管进口及其走向布置在整个滴灌区的高处，如有地形落差条件，尽可能形成自压滴灌条件。

第三，干管布设要尽量顺直，其总长度最短，在其平面与立面上尽量减少转折。

第四，干管应与道路、林带、电力线路平行布置，尽量少穿越障碍物，不要干扰油、气、光缆等线路。

第五，在可能与需要情况下，进入田间前的输水总干管应兼顾综合利用的要求。

第六，干管应尽量布设在地基较好处，若只能布置在较差的地基上，要妥善处理。

（3）系统工作制度及设计流量 滴灌系统的工作制度通常分为续灌、轮灌和随机供水3种情况。不同的工作制度要求系统的流量不同，因而工程费用也不同，在确定工作制度时应根据作物种类、水源条件和经济状况等因素作出合理选择。轮灌组的数目根据水源流量和各级管道的经济管径、输水能力和作物的需水要求确定，同时使水源的水量与计划灌溉的面积相协调，一般可由下式计算：

$$N \leq CT/t$$

式中：

N 为允许的轮灌组数目（个）；

C 为每天运行的小时数，一般为 $12\sim20$ 小时，固定系统不低于 16 小时；

T 为灌水周期（日）；

t 为一次灌水持续时间（小时）。

实践表明，轮灌组过多，会造成运行管理不便和各农户的用水矛盾，按上式计算的 N 值为允许的最多轮灌组数，设计时应根据具体情况确定合理的轮灌组数目。

（4）首部枢纽设计

①水源过滤设备选型　井（泉）水的黏粒及有机质含量一般较少，多为粗砂和粉砂颗粒，涌砂量少可直接用网式过滤器，涌砂量多可采用离心＋网式过滤器。湖水、池塘水，一般滋生有机质多，应视水质情况，采用砂石＋网式过滤器处理或直接采用网式过滤器。河水应根据水源水质情况（粒径、浓度、有机物等）选配。

②规范规定　过滤系统须滤除大于灌水器最小直径 1/10～1/7 的颗粒，且浓度不大于 100 毫克/升。迷宫式滴灌带流道直径为 0.8～1 毫米，过滤器要处理掉 0.08～0.1 毫米及以上颗粒粒径。但室外试验结果，迷宫式滴灌带通过的最大粒径为 0.15 毫米，浓度为 2 137 毫克/升，需要 100 目过滤器。室内实验结果，通过最大粒径 0.2 毫米，浓度为 1 000 毫克/升，但黏粒含量多时，停滴后颗粒沉积结块，再滴时易堵塞。

（5）过滤器优化选型　目前，过滤器的选择都是根据系统流量在厂家过滤器目录中选择，没有考虑水头损失及运行费用的问题。生产中选择过滤器时，应考虑使过滤器造价及使用过滤器所消耗的电费之和最低（年费用最低）。

（6）沉淀池设计　井水、湖水、渠水中往往含有两类容易堵塞灌水器的杂质：一类是藻类、水生物和漂浮物；另一类是悬浮泥砂。当水中泥砂含量大于过滤器的处理能力时，使用筛网过滤器和介质过滤器会因频繁的冲洗而不能正常工作，此时需借助沉淀池对灌溉水进行初级沉淀处理。沉淀池的主要目的是去除水中大量的泥砂，用于滴灌的关键是恰当地选用水质指标，使沉淀池处理后的水质达到滴灌对悬浮泥砂含量的要求。生产中应尽可能利用现有的一些工程（输水渠道、排碱渠、洼地、池塘等），在条件许可的情况下（经济、场地等），尽可能将沉淀池修建得大一些，这样可以将砂石过滤器省略，以节约工程造价。

（7）**水泵工况点及水泵选型**　许多人认为滴灌系统配备流量为 100 米^3/小时、扬程为 50 米的水泵时，其在滴灌系统工作时的流量一定是 100 米^3/小时，扬程一定是 50 米。事实上，这个概念是错误的，该流量与扬程是水泵的额定流量与扬程，一般为水泵最高效率点所对应的流量与扬程。实际生产中水泵在不同的管路条件下工作时，其流量及扬程也会不同，是一个动态变化值。滴灌系统中各轮灌组出流点高程和距水源的管线长度管径及流量都有可能不同，因此各轮灌组具有不同的管路特性曲线。水泵在不同轮灌组工作时，工况点可能会有很大的差别，有的可能偏离高效区。选水泵时若每个轮灌组的情况都考虑，会使设计非常复杂，所以设计时可按滴灌所需流量作为设计流量，按经济管径因素确定各级管道管径，计算出各级管道水损，确定水泵扬程，然后校核水泵在各个轮灌组工作时的工况点。

（8）**选择水泵的方法**　由于滴灌各轮灌组运行时扬程变化较大，所选水泵既要满足扬程低的轮灌组又要满足扬程高的轮灌组，因此选择水泵时应根据系统设计流量和最大、最小扬程的平均值选取水泵。即按照 Q 设、$H=(H_{max}+H_{min})/2$ 选择水泵，再按照最高扬程轮灌组及最低扬程轮灌组校核水泵的工况点。计算扬程时，应考虑地面坡度。

（9）**水泵安装高度**　离心泵能将进水池内的水吸入泵内，这是由于叶轮旋转后在叶轮进口处会形成低压区（即真空），而进水池水面承受的是大气压力，因此水就能不断得到补充而进入泵内。低压区压力低于大气压的数值称为真空度，每台离心泵可以形成的真空度值为其允许吸上真空度或允许真空度。叶轮进口处的真空度越大，水泵能吸水的高度就越大；反之，真空度越小，则水泵的吸水高度就越小。一般情况下，允许吸上真空度的值多介于4～6米之间，与标准大气压力（≈10.3米水柱高度）尚有一定的距离，即水泵进口还要保持一定的压力。当压力减小到一定程度时，水即会产生气化，若气泡被水流带到叶轮流道的高压处，就会迅速破裂或再次急剧凝结于水中，这个过程使水流质点产生很大的冲击力量，如果反复不断地作用在叶轮流道的壁上，就会破坏叶轮金属表面，甚至破坏水泵部件，这被称为气蚀现象。为了避免水泵的气蚀，需要对水泵进口的真空度加以限制，这就是允许吸上真空高度（HS）多规定为4～6米，而在水泵进口还要保持一定压力的原因。

地面式泵房的优点是施工方便、造价较低和运行条件较好，但同时存在水泵启动前需要进行引水等缺点。而地下式泵房水泵启动比较方便，缺点是用材多、施工复杂、造价高，其工作环境也不如地面式，易被水淹，日常运行管理不方便，水泵效率降低。

（10）滴灌系统水泵变频调速　水泵变速调节是通过改变水泵转速来调节水泵工作状况，在满足用户需水要求的同时，达到经济运行的目的。滴灌系统水泵大都采用鼠笼型异步电动机，其调速方式主要是调压调速、变极调速和变频调速。而变频调速以其调速范围大、机械特性硬、调速精度高、平滑无机调速等优点，被一些滴灌系统所采用。大田滴灌系统水泵变频调速应考虑两个特点：一是保证调速后的流量与设计流量相同。二是调速后的效率要高于调速之前。然而，目前变频调速产品较为昂贵，在滴灌系统设计时，应对其经济适用性进行合理的分析。

（11）系统优化

①管网优化　滴灌管网一般由主干管、分干管、支管和毛管组成，其中支管与毛管组成田间管网。滴灌管网系统中，田间管网的优化问题只与田间管网允许水头差有关，允许水头差一般是一个固定值，与干管规格无关，在选择水泵扬程时可作为一个常数考虑。也就是说，干管管网与田间管网的优化问题是彼此独立

的，可分别进行设计，然后结合起来，便是整个滴灌管网的优化设计。

滴灌田间管网由支管和其控制的毛管组成，其优化设计的目的就是在保证满足灌水均匀度要求的前提下，如何分配田间管网允许水头差，选择支管与毛管管径或确定支管与毛管长度，使田间管网投资最小。

膜下滴灌现主要用于大田作物，为适应大田机械化作业及运行管理的要求，毛管均选用相同的管径。目前滴灌系统产品，毛管使用的是滴灌带，在设计滴灌系统时，可根据作物、土壤性质及农业技术等因素，选择滴头流量及间距等技术参数，这些参数一经确定，滴灌带的规格型号也就确定了，那么毛管的管径也就确定了。支管一般对称于干管呈鱼骨式布置，干管间距决定了支管的长度，在干管管网布置已确定的情况下，干管两侧支管的总长度也就确定了。田间管网的优化设计，可归结为在毛管管径及干管两侧支管总长度一定的条件下，确定使田间管网造价最低的毛管长度和支管管径。

对于一块确定的条田，在毛管管径及灌水小区允许压力差一定的情况下，毛管长度越大则毛管压力差越大，为保证灌水小区实际压力差不大于允许压力差，支管允许水头差就必须减小，所需支管管径就越大。而毛管长度越大就意味着支管间距越大，那么灌区内的支管数目就越少，则灌区内的支管总长度就越短；反之，若毛管长度越小，所需支管管径越小，灌区内的支管数目就越多，那么灌区内的支管总长度就越长。也就是说，要减小支管管径，则灌区的支管总长度增加；要使灌区的支管总长度减小，则支管所需管径增大。因此，选取适当的毛管长度、支管数目及支管管径，使田间管网的造价最低，即为田间管网优化。

毛管一般对称于支管布置，在均匀坡度情况下，支管两侧的毛管一边为上坡另一边为下坡，为使两侧毛管压力差相同，下坡毛管的长度应大于上坡毛管的长度。同样，在均匀坡度情况下，干管两侧的支管也是一边为上坡另一边为下坡。保证两侧支管压力差相同的办法有两个，一个是两侧支管采用相同的管径、不同的长度，另一个是两侧支管均采用不同的管径、相同的长度。

在没有选定水泵时，干管管网首端压力未定，此时管网优化设计一方面要考虑降低管网投资，另一方面又要降低运行费用，而两者是相互影响的。在其他因素都相同的情况下，若降低管网投资，则干管的管径小、水头损失大，所需水泵的扬程就大，系统的运行费用就将增加；反之，若要降低运行费用，就要增大管径，则管网的一次性投入将增加。生产中如何选择管道的直径和水泵的型号，使系统的年费用最低，是优化设计所要解决的问题。

②设备优化 主要是首部设备优化，包括沉淀池、砂石过滤器、网式过滤器、水泵等。

③结构优化 主要是系统结构的优化。包括：首部位置，尽可能多系统共用一个首部；以及管网结构的优化、干管的级数、无辅管系统等。

④材料优化 降低材料压力等级，减小壁厚，降低造价。

⑤布置优化 管网的优化布置包括主干管、分干管的方向及位置。

（三）水肥一体化系统设备的安装

1. 水肥一体化管网系统

（1）给水管 一般使用硬聚氯乙烯（PVC-U）管材及管件或钢管。给水管先端宜安装止回阀，使给水管内一直充满水，方便水泵启动。

（2）输送管网 一般采用3级管网，即主干管、支管和滴灌管。滴灌管有内镶式和单翼迷宫式，额定工作压力通常为50～150千帕，滴灌孔流量一般为1～3升/时。在整地起畦后铺设管网，在主管上打孔安装旁通，再在旁通上连接支管，支管的另一端用堵头堵上。支管长度与蔬菜定植行长度一致，并与主管垂直。将连接好的支管摆放在种植行上，距种植穴10厘米左右，支管间距与蔬菜植株行距一致，采用一膜一管一行等距定植，在支管上安装滴灌管，间距与定植株距一致。支管和滴灌管上平铺地膜，以待定植蔬菜，也可先定植后覆盖地膜。

2. 动力装置　由水泵和动力机构成。根据田间灌溉水的扬程、流量选择适宜的水泵，并略大于工作时的最大扬程和最大流量，其运行工况点宜处在高效区的范围内，选择好配套动力机。田间灌溉水流量一般每亩为1 000～4 000升/时，供水压力以150～200千帕为宜。采用水压重力灌溉时要求供水塔与灌溉区的高度差达10米以上。

3. 水肥混合装置

（1）母液贮存罐　选择塑料等耐腐蚀性强的贮存罐，根据田块面积和施肥习惯选用适当大小的容器。

（2）施肥设备　根据具体条件选用注射泵、文丘里施肥器、施肥罐或其他泵吸式施肥装置。

①注射泵　使用水力驱动注射泵或动力驱动注射泵，将肥料母液注入灌溉系统，可通过调节水肥混合比例和施肥时间精确控制施肥量。

②文丘里施肥器　可调节肥料母液管的孔径大小来控制施肥浓度。水流速度会影响水肥混合比例。

③施肥罐　施肥罐的进、出口由2根细管分别与灌溉系统的管道相连接，在主管道上2条细管接点之间设置1个截止阀，以产生一个较小的压力差，使一部分水从施肥罐进水管直达罐底，水溶解罐中肥料后，肥料溶液由出水管进入灌溉系统，将肥料带到作物根区。

④自压微灌系统施肥装置　将肥料母液贮存罐安装在高于蓄水池水面1米以上的位置，通过阀门和三通与给水管连接，肥料母液通过自身重力和水泵吸力流入灌溉系统，可调节控制肥料母

液流量和施肥时间，精确控制施肥量。

4. 过滤装置　利用地表水灌溉，常使用叠片式过滤器，以 125 微米以上精度的叠片过滤器为宜。蓄水池的吸水管末端和肥料母液的吸肥管末端均可用 0.15 毫米左右的滤网包裹，防止杂质进入灌溉系统。给水管在蓄水池中吸水位置宜高于水池底部 30 厘米以上，防止吸入淤泥。

5. 手动控制系统　所有操作由人工完成，如水泵、肥料母液贮存罐阀门的开启和关闭、灌溉时间长短、何时开始灌溉等。生产中一定要安装压力表监测系统的运行情况。

6. 滴灌系统设备安装注意事项　①按设计文件要求，全面核对设备型号、规格、数量和质量，严禁使用不合格产品。待安装设备应保持清洁，塑料管不得抛摔、拖拉和暴晒。②按设计要求和流向标记安装水表、阀门、过滤器，过滤器和支管之间通过带螺纹的直通连接。③螺纹管件安装时需缠上胶带，直通锁母应拧紧。④旁通安装前首先在支管上用专用打孔器打孔，打孔时注意打孔器不能倾斜，钻头入管深度不得超过 1/2 管径，打孔后将旁通压入支管。⑤按略大于作物行的长度裁剪滴灌管（带），滴灌管（带）沿植物行向布置，然后一端与旁通相连接。⑥滴灌管（带）安装完毕，打开阀门用水冲洗管道，然后关上阀门。将滴灌管（带）堵头安在滴灌管（带）末端，将支管堵头安在支管末端。

整个滴灌系统的安装顺序：

阀门→过滤器→直通→支管→打孔→旁通→滴灌管（带）→冲洗管道→堵头

（四）水肥一体化系统设备的运行与应用

1. 滴灌系统的运行　一个滴灌系统的运行与种植的作物种类、作物的各生长阶段、灌区来水情况、电力供应条件、农业承包制度和劳动力安排均有关系，在滴灌系统设计时就要充分考虑上述各因素及它们间相互的制约关系。一个滴灌系统在每年的灌溉期内，上述各种因素或多或少都会发生这样或那样的变化，这就要求在运行时合理地、科学地进行安排处置，使滴灌系统正常运行，充分发挥其作用。

（1）**种植作物的结构变化对运行的要求** 同一个滴灌系统中，种植作物的种类及其比例，对轮灌运行是有直接影响的。若一个滴灌系统内种植的均为同一种作物，则可以按照前面介绍的有利的运行方式进行运行。若种植的作物不同，则要尽量做到在设计运行工况的轮灌组内安排种植同一种作物，以利于轮灌组按设计工况运行。若不能做到这一点，则要求同一轮灌组内的面积不能超过设计运行工况时的面积，不能为了照顾同一种作物在一个轮灌组内灌水而任意扩大该轮灌组的面积。

（2）**作物需水高峰期的运行** 滴灌系统设计时，首部枢纽和管网系统及其与之配套的各种附属设施的容量、能力等均是按照作物需水量峰值的要求进行的。因此，在作物需水高峰期，系统运行必须严格按设计工况下轮灌运行的分组及所确定的各种运行参数运行，不能随意改变轮灌分组及运行参数；否则，系统就不能正常运行，达不到设计要求，严重时将导致系统损坏或其他严重后果。

（3）**作物生长期各阶段的运行** 作物生长期各阶段，其日耗水强度是不一样的，比设计时采取的日耗水强度峰值要小；而且由于生长期各阶段降雨、地下水补给条件的变化，作物需要的灌溉补充强度也是不同的。因此，首先要合理地确定作物整个生长期的设计灌溉制度，算出各阶段的灌水定额，以对作物的各生长阶段实施适时适量的灌溉。

虽然各阶段的灌水量不同，但生产中还是要按设计工况下轮灌分组进行运行，按本阶段作物的日耗水强度及灌溉补充强度算出灌水器一次灌水延续时间运行，以适应作物日耗水强度减小的情况。

2. 管网的运行管理 在每个灌溉季节开始前，将管网中的每个设备与部件重新安装连接，检查所有的地埋管、出地竖管、地面管、各级阀门、连接管件是否有缺损，以利及时更换或修理。

每个灌溉季节工作前应对管网进行彻底冲洗，在运行过程中，要检查系统水质情况，视水质情况对系统进行冲洗。冲洗时，首先打开一定数量的轮灌组阀门（一般少于灌溉时正常轮灌组的阀门），开启水泵，依次打开干管、支管和毛管的末端，采用高压轮流冲洗每个轮灌组，将管道内的污物冲洗出去。

定期对管网进行巡视，检查管网运行情况，如有漏水要立即处理。

灌水时每次开启一个轮灌组，当一个轮灌组结束后，先开启下一个轮灌组，再关闭上一个轮灌组，严禁先关后开。

系统运行时，必须严格控制压力表读数，应将系统控制在设计压力下运行，以保证系统能安全有效地运行。

每年灌溉季节结束后，应对地埋管进行全面检查，对损坏处进行维修，冲净泥砂，打开各级管道的末端及水泵取水口处的底阀排净积水，以免冬季管道冻裂损坏。将地面管材、管件及易损、易盗设施回收清洗，晾干后存入库房妥善保管，以备下一个灌溉季节正常使用。球阀保存时，应使其处于开启状态，以便排除球体内的存水，避免冬季被冻裂。

系统第一次运行时，需进行调压。可通过调整球阀的开启度来进行调压，使系统各支管进口的压力大致相等。薄壁毛管压力可维持在 1 千克左右，调试完后在球阀相应位置做好标记，以保证在其以后的运行中，开启度能维持在该水平。

3. 首部枢纽的运行管理　灌溉季节开始前，将首部设备重新安装连接，并检查水泵、动力设备、过滤装置、施肥罐及其相应部件的连接是否正确，对首部各设备进行清洗。

首部设备应严格按设计流量与压力进行操作，不得超压、超流量运行，系统运行过程中，应认真做好记录。

每个轮灌组工作前要先对过滤器进行清洗。在运行过程中若过滤器、进出口压力差超过 3 米，要对过滤器进行反冲洗或清洗。

施肥罐中注入的固体颗粒不得超过施肥罐容积的 2/3，每次施肥完毕后，应对过滤器进行冲洗。

灌溉季节结束时，对首部设备进行全面清洗、检查和保养，有问题的要进行维修，若金属涂层有损坏或生锈，应除锈后重新刷漆或喷漆。将压力表、排气阀等小件易拆卸丢失的部件，拆下后妥善保管，以备下一个灌溉季节使用。

4. 滴灌系统的组织管理　根据滴灌系统所有权的性质，应建立相应的经营管理机构，实行统一领导，分级管理或集中管理，具体实行工程、机泵、用水、用电等项目管理。为提高滴灌工程的管理水平，应加强技术培训，明确工作职责和任务，建立健全各项规章制度，实行滴灌产业化管理。

建立滴灌岗位责任制，明确滴灌管理人员、承包户、主管节水领导的职责和应尽义务，做到管理有序、有章可循。滴灌管理人员应熟悉滴灌系统操作规程，对滴灌系统操作运行程序做到应知应会，对所管理滴灌系统的面积、系统特性要做到心中有数。建立滴灌系统运行记录制度，各滴灌系统从开始运行到结束均必须有完整的工作记录，包括滴水时间、次数、水量、施肥量、施药量和用电量等有关事项，建立各个滴灌系统的完整档案。建立滴灌工作奖惩办法，把滴灌管理人员工资的核定纳入到对滴灌工作的考核中。

5. 滴灌系统操作

（1）**沉淀池**　开启水泵前认真检查沉淀池中各级过滤筛网是否干净、有无杂物或泥砂堵塞筛网眼、筛网是否有破损，以利及时清洗和更换。检查过滤筛网边框与沉淀池边壁是否结合紧密，如缝隙较大应采取措施填堵。水泵泵头需用 50～80 目筛笼罩住，筛笼直径应不小于泵头直径的 2 倍。

系统运行前，先清除池中脏物，水质较浑浊时应关闭进水口，待水清后再进入沉淀池，以免沉淀池过滤负担过重。

系统运行时，对于积在过滤筛网前的漂浮物、杂物应及时捞除，以免影响筛网过水能力。对于较密（如30～80目）筛网被泥颗粒糊住而导致筛网两侧水位差达到10～15厘米的，应换洗筛网。筛网换洗方法是将脏网提起，将干净网沿槽放下，脏网需用刷子和清水刷洗干净。停泵后应用清水冲洗各级筛网。

（2）水泵　滴灌系统运行要求系统按设计流量稳定供水，保证每天的供水时间。由于不同轮灌组产生不同的管路水力状态，使水泵出口压力发生变化，要求水泵能适应这种变化，并能在高效区运行。实行滴灌系统的自动化控制则可以达到上述要求，但限于当前农村、农场的经济条件，还难以一下子达到这个要求，只能逐步向这方面过渡。一般手工操作水泵运行时，也不易达到上述要求，而且因操作频繁，对水泵工作不利，还会使其工作年限缩短。所以，设计中应考虑各轮灌组工作的状态，创造条件，尽量在系统设计时，使水泵达到一个较好的工作状况。针对目前大田滴灌系统的条件，生产中多采用变频调速控制屏调节水泵的转速，从而使水泵的出口压力达到设定值。

水泵应严格按照厂家所提供的产品说明书及用户指南进行操作和维护。

（3）过滤器

①砂石过滤器操作要点　生产中必须严格按过滤器的设计流量操作，不得超流量运行。密切注意压力表的指示情况，当过滤器进口与出口增加的水头差大于3米时，砂石过滤器应进行反冲洗。反冲洗方法是在系统工作时调整首部总阀的开启度，以获得适当的反冲洗压力。可关闭一组过滤器进水中的一个蝶阀，同时打开相应排水蝶阀排污口，使另一只过滤器过滤后的水由过滤器下方向上流入介质层进行反冲洗，泥砂、污物可顺排污口排出，直到排出无浑浊物的水为止。反冲洗的时间和次数依当地水源情况而定。反冲洗完毕后，应先关闭排污口，缓慢打开蝶阀使

砂床稳定压实，稍后对另一个过滤器进行反冲洗。当反冲洗达不到清洗效果时，应将介质取出，人工进行彻底清洗；过度污染的介质，应进行更换。对于存在的有机物和藻类，可能会将砂粒堵塞，应按一定的比例加入氯或酸，把过滤器浸泡 24 小时，然后反冲洗至放出清水。对于悬浮在介质表面的污染层，可待灌水完毕后人工清除。

过滤器使用到一定时间，砂粒损失过大，粒度减小或过碎，应更换或添加过滤介质。

②网式过滤器使用要求　筛网过滤器有手动冲洗和自动冲洗之分。自动冲洗是根据过滤器进出口的压差，当压差增大达到预定值时，冲洗自动进行。大田滴灌工程目前多采用手动冲洗筛网过滤器，在运行时不易掌握，一般当压差超过设定值 0.02 兆帕时，要立刻进行冲洗。手动清洗方法是先将网芯抽出清洗，两端保护密封圈用清水冲洗，也可用软毛刷刷净，但不可用硬物刷洗。当网芯内外都清干净后，再将过滤器金属壳内的污物用清水冲净，由排污口排出。然后按要求装配好，重新装入过滤器。由于过滤器的网芯很薄，在保养、保存、运输时应格外谨慎，不得有一点破损，一旦发现破损，应立即更换滤网，严禁筛网破损使用。

③离心过滤器使用要求　旋流水砂分离器只有在其工作流量范围内，才能发挥作用。因此，在运行时一定要控制好通过它的流量，当流量不均匀、变化范围大时，要采取措施使通过流量在设计范围内。另外，要随时观察该过滤器的水头损失，若小于 3.5 米，则不能分离出水中杂质。在运行中，要经常检查集砂罐并及时排砂，以免罐中积砂太多，使沉积的泥砂再次被带入系统。灌溉季节结束后，要彻底清洗集砂罐。进入冬季，为防止冰冻破坏，要将所有阀门打开，将水排放干净。

6. 滴灌系统使用注意事项　①滴灌开始前，先打开支管上的阀门，使滴头能够出水；在此基础上逐级打开上游阀门，以保证灌溉系统各个部分的安全。②严格控制滴灌的工作水头，一般为 5～10 米水头，不可超压或过低，否则影响灌溉质量。灌溉要按计划轮灌区进行，在前后轮灌区切换时，应先开启下一轮灌区的阀门，然后关闭上一轮灌区的阀门。③压差式施肥器。作物需施肥时，将稀释过的肥料装入施肥罐，封闭罐盖后调节施肥专用阀门，使阀门前、后管道内的水产生一定压差，开启施肥阀旁的 2 个调节阀，从而使肥料进入输水管道中，随水流向作物根部。④文丘里施肥器由阀门、文丘里、三通、弯头连接而成，体积小，结构简单，施肥时适当关小球阀，让水部分从施肥器中流过，吸肥器开始吸肥。⑤定期检查过滤器，做到定期排砂冲洗，如发现滤网破烂应及时更换。⑥滴灌管为薄壁管，收放时不可用力拉扯扭曲，以延长使用寿命。⑦关闭系统时，首先关闭水泵等动力系统，然后逐级关闭各级阀门。开关阀门时应缓慢转动，严禁速度过快，防止管道内产生水锤现象，损坏管道和机泵。⑧在非灌溉系统时期，应排掉管道内的存水，防止冬季冻裂管道，影响翌年的正常使用。

7. 滴灌施肥注意事项

（1）**肥料溶解与混匀** 施用液态肥料时不需要搅动或混合，一般固态肥料需要与水混合搅拌成液肥，必要时分离，避免出现沉淀等问题。大多数化肥在施用中不存在人身安全问题，但当注入酸或农药时需要特别小心，防止发生危险反应。施用农药时要严格按农药使用说明进行，注意保护人身安全。

（2）**施肥量控制** 施肥时要掌握剂量，注入肥液的适宜浓度约为灌溉流量的 0.1%（如灌溉流量为 50 米^3/ 时，则注入肥液约为 50 升 / 时）。除草剂、杀虫剂要以非常低的速度注入，一般要小于注入肥料强度的 10%。每次施肥要掌握好用量，避免过量施用而造成作物肥害和环境污染。

（3）**注意安全施用** 在灌溉施肥系统中需安装必要的安全保护装置，不同的灌溉系统和不同的注肥方式，采用的防护设施也不一样，其最基本要求是设置止回阀，防止化学药剂回流进入水源造成污染；灌溉施肥过程中需经常检查是否有跑水问题，检查肥水是否灌在根区附近；设置排气阀保障管道安全运行，要求闸阀齐全，便于操作控制。

（4）注肥过程最好经历3个阶段　第一阶段先用不含肥的水湿润土地，即正常灌溉15～20分钟后，然后施肥；第二阶段施用肥料溶液灌溉，施肥时打开管的进、出水阀，同时调节调压阀，使灌水施肥速度正常、平稳；第三阶段用不含肥的水进行清洗，每次施肥后应保持正常灌溉20～30分钟，防止滴头被残余液蒸发后堵塞。

（五）配套技术

水肥一体化技术实施要与蔬菜作物良种、病虫害防治和田间管理等技术相配套，还要因地制宜地采用地膜覆盖技术，形成膜下滴灌形式，以充分发挥节水节肥优势，达到提高蔬菜产量、改善蔬菜品质、增加生产效益的目的。

四、蔬菜栽培应用水肥一体化技术的优势

（一）节　水

水肥一体化技术可减少水分的下渗和蒸发，提高水分利用率。通过滴灌设施，增加用水次数，减少每次用水数量，根据不同作物和不同生长时期，每次用水量3～10米^3，仅为沟灌或大水漫灌的1/50～1/10，总体用水量仅为沟灌或大水漫灌的1/5～1/4。在露地栽培条件下，微灌施肥与大水漫灌相比，节水率达50%左右。保护地栽培条件下，滴灌施肥与畦灌相比，每亩大棚每季可节水80～120米^3，节水率为30%～40%。

（二）节　肥

水肥一体化技术实现了平衡施肥和集中施肥。全地埋式滴灌不仅能灌水，还可施肥，使肥料均匀直达蔬菜作物根部，集中有效地施肥，减少了肥料挥发和流失，同时还可避免养分过剩造成的损失，具有施肥简便、供肥及时、作物易于吸收、肥料利用率高等优点。在蔬菜作物产量相近或相同的情况下，水肥一体化与传统施肥技术相比可节省化肥 40%～50%。

（三）水肥均衡

传统的浇水和追肥方式，蔬菜作物饿几天再撑几天，不能均匀地"吃喝"。全地埋式滴灌实现了每个滴孔出水均匀，通过该项设施供水、供肥，不仅使整块土地同时均匀得到水、肥，而且还能做到按蔬菜作物需要适时、适量施肥。

（四）省工省时

传统的沟灌，施肥费工费时，非常麻烦。使用滴灌，只需打开阀门、合上电闸，几乎不用人工。水肥一体化技术不需要再单独花时间灌水、施肥，还减少了施药、除草、中耕，极大地节约了工时，每亩可以省劳力 15～20 个。

（五）改善微生态环境，减少病害发生

保护地蔬菜栽培采用水肥一体化技术：一是明显降低了棚内空气湿度。滴灌施肥与常规畦灌施肥相比，空气相对湿度可降低8.5%～15%。空气湿度低，在很大程度上抑制了蔬菜作物病害的发生，滴灌施肥农药用量减少 15%～30%，减少了农药的投入和防治病害的劳力投入。二是保持棚内温度。滴灌施肥比常规畦灌施肥减少了通风降湿的次数，棚内温度一般比常规畦灌施肥后通风的大棚高 2～4℃，有利于蔬菜作物生长。三是增强微生

物活性。滴灌施肥与常规畦灌施肥技术相比，地温可提高 2.7℃，有利于增强土壤微生物活性，促进蔬菜作物对养分的吸收。四是有利于改善土壤物理性质。滴灌施肥克服了因灌溉造成的土壤板结，使土壤容重降低、孔隙度增加。五是减少土壤养分淋失和地下水污染。六是减轻病害的发生。保护地蔬菜很多病害是土传病害，随流水传播，如辣椒疫病、番茄枯萎病等，采用滴灌可以直接有效地控制土传病害的发生。

（六）增加产量，改善品质

水肥一体化技术，可促进蔬菜作物产量提高和产品质量的改善。设施蔬菜水肥一体化栽培与常规栽培相比，一般可增产 17%～28%。

（七）节省成本，提高经济效益

采用水肥一体化技术，省水、省肥、省药、省工，减少了生产成本，提高了生产效益。滴灌设施的工程投资（包括管路、施肥池、动力设备等）每亩约为 1 000 元，可以连续使用 5 年左右，增加的设施成本，1～3 季生产即可收回，而每年节省的肥料和农药至少为 700 元。

第四章
茄果类蔬菜水肥一体化栽培技术

一、设施番茄水肥一体化栽培

（一）番茄的需水和需肥特性

1. 番茄的需水特性　番茄根系发达，吸水力较强；植株茎叶繁茂，蒸腾作用较强；果实含水量高，属于半耐旱蔬菜。番茄生长发育要求较高的土壤湿度和较低的空气湿度，土壤相对湿度以 60%～80% 为宜，空气相对湿度以 45%～50% 为宜。

番茄不同生育期对水分的要求不同。发芽期要求较多水分，以保证种子吸水发芽，土壤相对湿度控制在 80% 左右。幼苗期植株小，需水量不大，为避免徒长和发生病害，土壤湿度不宜过大，应适当控制水分进行蹲苗，土壤相对湿度以 60%～70% 为宜；湿度过大，通风不及时，温度太低或太高，均会引起苗期病害。开花坐果期水分也不宜过大，否则会阻碍根系正常呼吸而造成发育不良，引起植株徒长，导致落花落果。第一花序果实膨大后，枝叶迅速生长，需要增加水分供应。盛果期，果实发育快，消耗水分最多，水分供应不足或不及时均会影响果实正常发育，因此应供给充足的水分，保持土壤湿润。

番茄生长发育对空气湿度的要求也较严格。在天气晴朗干燥、雨水少、空气湿度适中时番茄生长最好。空气湿度过大，植株生长细弱，发育延迟，易落花落果，而且在高温高湿条件下病害发生严重。所以，番茄设施栽培应特别注意通风换气，避免湿度过大。

2. 番茄的需肥特性　番茄对土壤的适应能力较强，除特别黏重、排水不良的低洼易涝地外均可栽培，但以土层深厚、排水良好、富含有机质的肥沃壤土最为适宜。番茄要求土壤通气良好，土壤含氧量达 10% 左右时植株生长发育良好，土壤含氧量低于 2% 时植株枯死。土壤酸碱度以 pH 值 6～7 为宜。番茄在盐碱地栽培生长缓慢、易矮化枯死，但过酸的土壤又易发生缺素症，特别是在缺钙时易引发脐腐病。

番茄生育期长必须有足够的养分，在有机底肥充足的基础上，要注重合理施用化肥。番茄是喜钾作物，在氮磷钾三要素中以钾的需要量最多，其次是氮、磷。育苗期，氮、磷、钾的需求比例为 1 : 2 : 2。定植后 1 个月内吸肥量仅占总量的 10%～13%，其中钾的增加量最低。在此后的 20 天里，吸钾量猛增，其次是磷。结果期，吸肥量急剧增加，氮、磷、钾的需求比例是 1 : 0.3 : 1.8。结果盛期，养分吸收量达最大值，此期吸肥量占总量的 50%～80%。当第一穗果采收、第二穗果膨大、第三穗果形成时，番茄达到需肥高峰期。此后养分吸收量逐渐减少，说明植株衰老，根系吸收能力降低，应重施叶面肥。

氮素对茎叶生长和果实发育起重要的作用，是与产量关系最为密切的营养元素。磷素的吸收量虽然不多，但对番茄根系生长及开花结果有着特殊的作用。钾的吸收量最多，尤其在果实迅速膨大期，钾素对糖的吸收、合成、运输及提高细胞液浓度、加大细胞的吸水量都有重要的作用，可增强植株抗性，提高果实品质。番茄生长还需要硫、钙、镁、铁、锰、硼、锌等元素，但需要量很少。若氮、钾肥用量过大，土壤干旱，则抑制植株对钙、硼的吸收，使脐腐果实增加，严重影响产量和质量。

一般每生产 1 000 千克番茄果实，需吸收氮 3.18 千克、磷 0.74

千克、钾 4.83 千克、钙 3.35 千克、镁 0.62 千克。番茄全生育期对氮、磷、钾、钙、镁 5 种元素的吸收比例为 100∶26∶180∶74∶18。

（二）品种选择

番茄根据生长习性，分为有限生长型和无限生长型。

1. 有限生长型　又称自封顶型，这类品种植株较矮，结果比较集中，具有较强的结实力及速熟性。生殖器官发育较快，叶片光合强度较高，生长期较短，适于早熟栽培。

（1）**红果品种**　主要有红佳丽、超岳、美国大红 409、年丰番茄、皖红 2 号、浙杂 804、新番 4 号、毛红 801、合作 903 大红番茄、红杂 10、红杂 12 等。

（2）**粉红果品种**　主要有豫番茄 1 号、郑粉 4 号、西粉 3 号、皖粉 2 号、西粉 8 号、海粉 901、苏抗 9 号、合作 906-1 粉红番茄、双抗 1 号等。

（3）**黄果品种**　主要有兰黄 1 号等。

2. 无限生长型　生长期较长，植株高大，果型也较大，多为中晚熟品种，产量较高，品质较好。

（1）**红果品种**　主要有富贵、美国 4 号、露卡、华番 1 号、中杂 12 号、佳红 2 号、加茜亚、凯来、特宝、金丰 1 号、若宝（GC775）、红旗（TM1033）、长寿鲜宝、青海大红、卡依罗、达尼亚拉（R-144）等。

（2）**粉红果品种**　主要有合作 908、中杂 9 号、中杂 11 号、佳粉 16 号、佳粉 15 号、粉美人、三木粉王、特大瑞光、吉皮 2608、鲜明、春雷 2 号等。

（3）**桃红品种**　主要有大棚桃太郎、桃丽等。

（4）**黄果品种**　主要有大黄号、大黄、丰收黄、新丰黄、黄珍珠等。

（5）**白果品种**　主要有雪球等。

（6）**绿果品种**　主要有绿宝石等。

（7）**樱桃番茄常用品种** 主要有以色列绯那、FA-818、台湾圣女、荷兰米克、耐运 280、百利、北京满田等。

生产中应根据栽培茬口选择适宜品种。如冬季日光温室栽培番茄，宜选用耐低温、弱光、抗病的中晚熟品种，如富贵、佳红 2 号、佳粉 16 号、粉美人、三木粉王、特大瑞光、以色列 144、美国 908、弗洛雷德等。

（三）种子处理

播种前进行种子处理是蔬菜育苗的重要技术环节之一，主要目的和作用是提高种子使用价值、消毒、促进萌发和生长发育等。种子处理的方法有多种，根据处理的目的可分为以下几种。

1. 提高种子使用价值的处理 除掉杂质和不成熟的种子，提高种子纯净度，也就提高了种子的使用价值。比较简易可行的方法有风选、水选、筛选和人工手选等。

2. 种子消毒处理 许多蔬菜的病害是通过种子传播的，其中多数病原菌寄生在种子的表面，种子消毒处理可以杀死病原菌，避免病害的发生。种子消毒的方法较多，常用方法有以下 5 种。

（1）**温汤浸种** 温汤浸种所用水温为 55℃左右，用水量是种子体积的 5～6 倍。先用常温水浸种 15 分钟，然后转入 55～60℃热水中并不断搅拌，保持该水温 10～15 分钟，将水温降至 30℃，继续浸种 4～5 小时。

（2）**热水烫种** 此法一般用于难于吸水的种子，水温为 70～75℃，水量不宜超过种子量的 5 倍，种子应充分干燥；烫种时要用 2 个容器，将热水来回倾倒，最初几次动作要快而猛，使热气散发并提供氧气；一直倾倒至水温降至 55℃时，改为不断地搅动，并保持 7～8 分钟。也可用 55℃温水浸种 10～15 分钟，不断搅拌，当水温降至 30℃时停止搅拌，再浸泡 3～4 小时，以防番茄真菌病害。

（3）**药液浸种** 种子消毒常用药剂有 1% 高锰酸钾溶液、10%

磷酸钠溶液、1%硫酸铜溶液、40%甲醛100倍液等，一般用药液浸种5～10分钟，再用清水反复冲洗种子，洗至无药味为止。用10%磷酸钠溶液浸种20～30分钟，或40%甲醛100～200倍液浸种15～20分钟，捞出后清水洗净，可预防番茄病毒病。

（4）**药剂拌种**　将药剂与种子混合均匀，使药剂黏附在种子的表面，然后再播种。药剂用量一般为种子重量的0.2%～0.3%，常用药剂有70%敌磺钠可溶性粉剂、50%多菌灵可湿性粉剂、40%福美·拌种灵可湿性粉剂、25%甲霜灵可湿性粉剂等。用种子重量0.4%的50%多菌灵可湿性粉剂拌种，可预防番茄真菌性病害。

（5）**干热处理**　将充分干燥（含水量低于4%）的种子放在75℃以上的高温条件下处理。这种方法可钝化病毒，适用于瓜类和茄果类等较耐热的蔬菜种子。干热处理还可提高种子的活力。

3. 催芽处理　催芽是在消毒浸种之后，为了促进种子萌发所采取的技术措施。催芽过程中主要满足种子萌发所需要的温度、湿度、氧气和光照条件，促使种子的营养物质迅速分解转运，供给种子幼胚生长的需要。温度管理应初期低后期逐渐升高，当种子露白时再降低，使胚根苗壮。湿度管理以种皮既不发滑又不发白为宜。把经过浸种消毒处理的种子用湿纱布包裹，置于25～28℃条件下，8～10小时翻动1次，使种子受热均匀，保证种子水分需求和氧气供应。经过2～3天，75%种子露白时停止催芽。

4. 播种　采用规格10厘米×10厘米的营养钵育苗，营养土配制按照40%园田土、60%草炭土或腐熟优质有机肥，混合后每立方米再加磷酸氢二铵0.5～1千克。每钵播1粒种子，播深约0.5厘米，播种后覆盖细沙，将营养土浇透水。

（四）茬口安排

我国不同地区的自然条件差异很大，栽培时应将番茄主要开花坐果期安排在其所要求的适温季节（月平均温度 21～24℃ 的月份）。北方地区设施栽培因所用的设施类型不同茬口较多，日光温室可进行秋冬茬、越冬茬和冬春茬栽培（表 4-1）。番茄忌重茬，应实行轮作，一般需与非茄科蔬菜实行 3～5 年轮作。

表 4-1　日光温室番茄主要栽培茬口安排

栽培茬口	栽培设施	播种期	定植期	始收期	终收期	备　注
		旬 / 月	旬 / 月	旬 / 月	旬 / 月	
秋冬茬	日光温室	中下 / 7	中下 / 8	上 / 11	中下 / 翌年 1	遮阴育苗
越冬茬	日光温室	中下 / 8	中下 / 9	上中 / 12	上中 / 6	—
冬春茬	日光温室	中下 / 11	中下 / 翌年 1	上中 / 翌年 3	上中 / 8	—

（五）育苗技术

1. 常规育苗

（1）**育苗时期**　育苗期应根据保护设施、栽培品种、定植条件和要求达到的苗龄等因素决定。冬春茬适宜播种期为 11 月下旬或 12 月上旬；秋冬茬适宜播种期为 7 月下旬或 8 月上旬；越冬茬适宜播种期为 8 月中下旬。番茄日历苗龄冬春季为 60 天、秋季为 40 天。

（2）**床土的配制**　床土要求疏松、透气、松软、质轻、有机质含量较高，可用园土与腐熟有机肥按 3∶2 的比例配制。床土配好后用化学药剂进行消毒：①每 1 000 千克床土用 0.5% 甲醛 25～30 千克喷洒，拌匀堆置后用塑料薄膜密封 5～7 天，揭开薄膜，药味彻底挥发后使用。②每立方米床土用 65% 代森锌可湿性粉剂 80 克或 50% 多菌灵可湿性粉剂 40 克，拌匀堆置后用塑料薄膜覆盖 2～3 天，撤去薄膜，药味彻底挥发后使用。

（3）**苗床播种**　播种前应根据大田栽培面积所需秧苗数，确定播种量和苗床面积。可按下列公式计算：

$$实际需种量（克）=\frac{每公顷需苗数×栽培总公顷数}{每克种子粒数×种子使用价值}×安全系数$$

（安全系数一般为 2.5～5）

播种面积（米^2）=

$$\frac{实际需种量（克）×每克种子粒数×每粒种子所占面积（厘米^2）}{10\,000}$$

$$分苗床面积（米^2）=\frac{分苗总数×秧苗营养面积（厘米^2）}{10\,000}$$

（4）**播种技术**　选择晴天播种。播种前浇足底水，底水渗下后均匀撒播种子，然后撒盖细土，盖土厚度 0.5～1 厘米。一般种子催芽后播种，包衣种子可直接播种。播种前后，苗床及周围严格喷药以防蚜。

（5）**播后管理**　播后管理主要是根据气候条件的变化和秧苗出土、生长对环境条件的需要，有节奏地控制苗床的生态环境。从播种到出苗，即胚芽露出到子叶出土微展，要求床土水分充足，通气良好，温度较高。同时，为防止土面裂缝，子叶"戴帽"，要及时撒盖湿润细土，填补土缝，增加土表湿润度和压力，以助子叶脱壳；从子叶微展到破心尽量控水降温，防止胚轴徒长，形成"高脚苗"或"高脖苗"。光强应大于半饱和光合作用所需的光强。子叶展平时应及时间苗，避免幼苗过分拥挤；从破心到成苗应促控结合，保证幼苗在适温不控水和阳光充足的条件下生长。

2. 嫁接育苗　嫁接育苗是利用亲缘关系近的接穗和砧木结合，使输导组织及其相邻的细胞亲和形成同型组织。其主要作用是发挥砧木的有利特性，增强蔬菜抗病性和抗逆性，以提高产量，改进品质。

（1）**嫁接育苗的作用**

①提高抗病能力　茄果类蔬菜黄萎病、青枯病、根腐病等土

壤传播病害危害严重，目前尚缺乏理想的抗病品种，药物防治成本高，难度大。尤其在保护地栽培蔬菜种类较少、倒茬困难的情况下，采用嫁接技术行之有效。同时，嫁接也可以减轻或避免其他病害，如由轮枝孢菌引起的黄萎病、假单胞杆菌引起的青枯病等。嫁接后番茄抗病性取决于砧木种类，用不同砧木嫁接后对各类病害抗性存在明显差异（表4-2）。

表 4-2　番茄砧木种类及其对土传病害的抗性

砧木种类	青枯病	枯萎病	黄萎病	根结线虫	烟草花叶病毒
BF	R	R	S	S	S
Ls89	R	R	S	S	S
PFN	R	R	S	R	S
PRNT	R	R	S	R	R
KNVF、KNVF Tm	S	R	R	R	R
Signal	S	R	R	R	R
KCFT-N	S	R	R	R	R

注：R—具抗逆性；S—不具抗逆性。

②增强抗逆性　嫁接苗根系发达，植株生长健壮，对逆境适应力明显增强，表现抗寒、抗盐及耐湿、耐涝、耐旱、耐瘠薄等特点。

③增强根系吸收能力　番茄嫁接后利用砧木发达的根系增强其吸收水分和矿物质营养的能力。

④提早收获，提高产量　番茄嫁接后根系生长得到促进，生理活性增强，吸收和合成功能得到改善，抗病性和抗逆性增强，生长势旺盛，为产量形成奠定了基础。尤其是利用砧木耐低温特性，使嫁接植株生育前期在较低温度条件下也能正常生长，可以提早定植，延长生育期，达到早熟高产的目的。

（2）砧木选择　砧木应当比接穗具有更强的环境适应能力，

并具有耐旱、耐涝、耐热、耐寒、抗病虫等优点，尤其对某些土传病虫害免疫或高抗。要求砧木根系发达，耐移植，吸收肥水能力强，与接穗还要有较强的亲和力，保证嫁接植株长势正常，产品品质稳定。番茄嫁接的砧木种类及其特点如表4-3所示。

表4-3　番茄嫁接砧木种类及其特点

蔬　菜	砧木种类	主要特点
番　茄	BF、兴津101、Ls-89	抗青枯病、枯萎病
	KNVF、KNVF Tm、Signal	抗褐色根腐病、黄萎病、枯萎病、根结线虫病，兼抗烟草花叶病毒
	PFN	抗青枯病、枯萎病、根结线虫病

（3）嫁接方法

①传统嫁接方法　传统嫁接方法主要有插接、靠接、劈接等。

靠接：砧木比接穗提早2～5天播种，播后10～15天，幼苗2片真叶时将砧木和接穗栽入同一营养钵中，砧木居中，接穗靠一侧，栽后浇水使之正常生长（图4-1）。砧木3～4片真叶、茎粗0.3～0.4厘米，接穗3片真叶时为嫁接适期。接前控制浇水，利于嫁接操作和接后成活。嫁接时砧木与接穗切口选在第

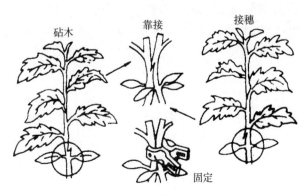

图4-1　番茄靠接示意图

一片真叶与第二片真叶之间，或子叶与第一片真叶之间，砧木由上向下切，接穗由下向上切，切口角度30°左右、长度0.5～1厘米、深度达茎粗1/2（最多不超过2/3），然后将砧、穗切口靠接在一起用夹子固定。成活后断掉接穗根系、去除砧木顶部叶片。靠接法操作简易，成活率高，幼苗生长整齐健壮，但嫁接效率低。

插接：砧木比接穗提早播种7～10天，砧木3～4片真叶、接穗2叶1心时嫁接。砧木苗嫁接前2天浇水，使生长旺盛挺拔；接穗苗则要适当控制浇水，力求秧苗壮而不过旺。嫁接时在砧木第一片真叶上方横切，除去腋芽，用特制的竹签从砧木苗切口处向第一片真叶斜插，深度0.4～0.5厘米，竹签尖端在第一片真叶叶柄基部下方显露，然后将接穗子叶下胚轴削成楔形，接穗苗较大时可于第一片真叶下削成楔形，最后拔出竹签将接穗插入。也可用竹签沿第一片真叶叶腋向茎部斜下扎孔嫁接。插接法适用于幼嫩苗大批量嫁接，不需夹子固定，嫁接效率高。

劈接：砧木比接穗提早5～7天播种，砧木和接穗均约5片真叶时嫁接。嫁接时保留砧木基部第一片真叶切除上部茎，从切口中央向下垂直纵切一刀，深度1～1.5厘米；接穗于第二片真叶处切断，并将基部削成楔形，切口长度与砧木切缝深度相同。最后将削好的接穗插入砧木切缝中，并使两者密接，加以固定（图4-2）。砧木苗较小时可于子叶节以上切断，然后纵切。劈接法砧、穗苗龄均较大，操作简便，容易掌握，嫁接成活率较高。

抱靠接：砧木2叶1心时播种接穗，砧木5～6片真叶、接穗4叶1心且茎粗相当于砧木1/2时为嫁接适期。嫁接时在砧木第四片真叶上方横切，再从茎中部向下切1厘米左右细长缝；将接穗第三片真叶与第四片真叶之间的茎用刀片削去两侧表皮，形成平滑的月牙形切面，切口长度1厘米，将切口嵌入砧木切缝内呈抱合状。

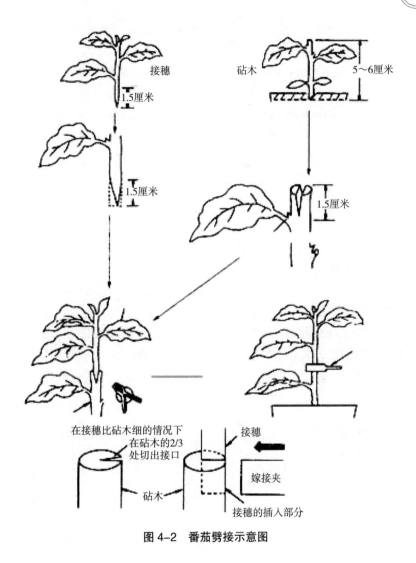

接穗 砧木 5～6厘米

1.5厘米

1.5厘米

1.5厘米

在接穗比砧木细的情况下在砧木的2/3处切出接口 接穗

砧木 嫁接夹

接穗的插入部分

图4-2 番茄劈接示意图

②适于机械化作业的嫁接方法

套管式嫁接：此法适用于黄瓜、西瓜、番茄、茄子等蔬菜。先将砧木的胚轴（瓜类）或茎（茄果类），在子叶或第一片真叶上方沿其伸长方向按照25°～30°角斜向切断，在切断处套上嫁接专用支持套管，套管上端倾斜面与砧木斜面方向一致。然后，瓜类在接穗下胚轴下部，茄果类在子叶（或第一片真叶）上方，按照 25°～30° 角斜向切断，沿着与套管倾斜面相一致的方向把接穗插入支持套管，尽量使砧木与接穗的切面靠在一起。瓜类接穗和砧木播种时，种子胚芽按纵向一致的方向排列，便于嫁接时切断、套管及接合等操作。砧木、接穗子叶刚刚展开，下胚轴长度 4～5 厘米时为嫁接适宜时期。茄果类幼苗嫁接，砧木、接穗幼苗茎粗不相吻合时，可适当调节嫁接切口处位置，使嫁接切口处的茎粗基本相一致（图 4-3）。此法操作简单，嫁接效率高，管理方便，成活率高，但对播期要求严格。茄果类砧、穗可同时播种或砧木提前 1～7 天播种，2～6 片真叶时嫁接。嫁接前要求幼苗充分见光，适当控制浇水，避免徒长；嫁接时尽量扩大嫁接接合面，保持适当压力压合接面，并防止接面干燥；嫁接后保持环境高湿，避免强光照射，合理通风管理。

单子叶切除式嫁接：斜切砧木，去除生长点和 1 片子叶；再斜切接穗，去除下胚轴与根，然后将二者接合，嫁接夹固定，或用瞬间黏合剂（专用）涂于砧木与接穗接合部位周围（图

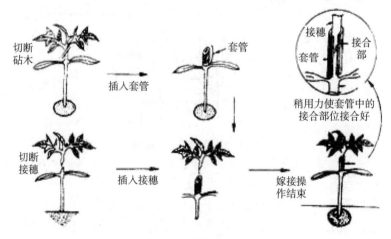

图 4-3　番茄套管式嫁接示意图

4-4）。此法适于机械化作业，也可用于手工操作。日本井关农机株式会社已制造出砧木单子叶切除智能嫁接机，由3人同时作业，每小时可嫁接幼苗550～800株，比手工嫁接提高工效8～10倍。

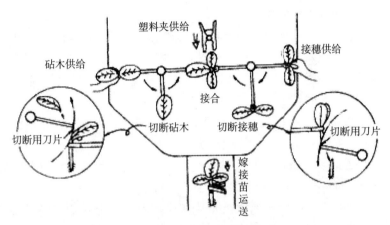

图4-4　砧木单子叶切除式智能嫁接示意图

平面智能机嫁接：平面智能机嫁接法是由日本小松株式会社研制成功的全自动式智能嫁接机完成的嫁接方法，本嫁接机要求砧木、接穗的穴盘均为128穴。嫁接机的作业过程：首先，有1台砧木预切机，将用穴盘培育的砧木从子叶以下把上部茎叶切除，育苗穴盘在行进中完成切除工作。然后，将切除了砧木上部的穴盘与接穗的穴盘同时放在全自动式智能嫁接机的传送带上，嫁接作业由机械自动完成。砧木穴盘与接穗穴盘在嫁接机的传送带上同速行至作业处停住，一侧伸出一机器手把砧木穴盘中的1行砧木夹住，同时切刀在贴近机器手面处重新切1次，使其露出新的切面；紧接着另一侧机器手把接穗穴盘中的1行接穗夹住切下，并迅速移至砧木之上将两切口平面对接，然后由从喷头喷出的黏合剂将接口包住，再喷上一层硬化剂把砧木、接穗固定。

此法操作完全是智能机械化作业，嫁接效率高，每小时可嫁接1 000株左右；驯化管理方便，成活率及幼苗质量均高；由于是对接固定，砧木、接穗的胚轴或茎粗度稍有差异不会影响其成活率；砧木在穴盘中无须取出，便于移动运送。平面智能机嫁接法适于子叶展开的黄瓜、西瓜和1～2片真叶的番茄、茄子嫁接。

（4）嫁接后管理

①光照　前期避免阳光直射，以减少叶片蒸腾，防止幼苗失水萎蔫，但要注意让幼苗见散射光。嫁接后2～3天内用遮阳网、草苫、苇帘等遮阴，光强以40～55千勒为宜；3天后早、晚见光，中午光照较强时适当遮阴；7～8天后全天见光。

②温度　嫁接后，白天温度保持在23～28℃、夜间18～20℃。

③湿度　嫁接后将棚四周封严，前3天空气相对湿度保持90%～95%，4～6天后降至85%～90%。

④通风　嫁接后的前3天一般不通风，3天后根据幼苗长势早、晚通小风。5天后通风口逐渐加大，通风时间逐渐延长。10天左右时去除薄膜，进入常规管理。

嫁接苗成活后的环境调控与常规育苗基本一致，但结合嫁接苗自身特点需要进行断根和去萌蘖。

3. 工厂化育苗　工厂化育苗以先进的温室和工程设备装备种苗生产车间，以现代生物技术、环境调控技术、施肥灌溉技术、信息管理技术贯穿种苗生产过程，以现代化、企业化的模式组织种苗生产和经营，通过优质种苗的推广供应和使用园艺作物良种，节约种苗生产成本、降低种苗生产风险和劳动强度，为蔬菜作物的优质高产打下基础。蔬菜工厂化育苗是一种机械化、电气化、流程化、规模化、集约化的生产，是蔬菜发展的必然趋势。

工厂化育苗采用了科学的环境控制和管理，保证了秧苗质量；节约种子，降低育苗风险和生产成本；有利于优良品种的推广，提高蔬菜产量和产品质量；利于蔬菜的规模化、集约化、商品化生产；节省了劳动力、减轻了劳动强度、推动了传统农业向现代农业的迈进。

（1）蔬菜工厂化育苗的特点

①育苗设施现代化，设备智能化　实现蔬菜育苗工厂化，完善先进的育苗设施、设备是必要的"硬件"条件。应用这些现代化的设施、智能化的设备为蔬菜育苗创造良好的生态环境，保证秧苗质量和生产稳定，不断提高蔬菜生产效率，以获得更大的生产和经济效益，推动农业现代科学技术的应用。

②生产技术标准化，工艺流程化　实行标准化生产，一方面要制定出科学的指标，另一方面还要有保证实现指标的工艺流程及相应条件。各技术环节指标的确定、整个育苗技术体系的建立以及育苗生产流程的选择，都必须建立在对各种主要蔬菜秧苗生长发育规律及生理生态的基础之上。从这个角度来看，也可把它称为"软件"部分。

③生产管理科学化　工厂化育苗要求具有标准化技术实施与设备。育苗的"硬件"部分及"软件"部分有着密切的联系，并共同影响着秧苗生产的效果，这就需要科学的管理。蔬菜秧苗的工厂化生产是较大规模的专业化生产，要组织好现代化蔬菜育苗产业的生产，除了协调上述的"硬件"与"软件"之外，只有在有计划、有组织、科学而有序的管理体制下才能进行有效的生产并不断地开拓市场。

（2）工厂化育苗方法

①营养钵、穴盘育苗法　将种子直接播在装有营养基质的营养钵或穴盘内，在钵、盘内培育成半成苗或成龄苗。

②营养土块育苗法　将种子播入由机器制作的营养土块的穴内，直接培育成半成苗或成龄苗。这种育苗方法采用的设施及设施的自控程度，通常与钵、盘育苗法基本相同，不同的是将配合好的育苗基质直接制成育苗营养土块，而不是填钵装盘；制成的

营养土块内含有种子发芽所需要的水分及幼苗生长的营养，播种覆土后不用立即浇水。营养土块育苗因为基质块体积较大，同样面积上的育苗天数较少，采用机械嫁接有一定的难度，故多应用于无须嫁接的蔬菜种类或扦插育苗。

4. 分苗 幼苗 2～3 片真叶时分苗，将幼苗移栽在事先铺好营养土的分苗床，行株距均为 12 厘米，也可移栽在直径 10～12 厘米的营养钵中。分苗后缓苗期间，午间适当遮阴，白天床温保持 25～30℃、夜间 18～20℃；缓苗后，白天床温保持 25℃左右、夜间 15～18℃。

5. 定植前秧苗锻炼 在定植前 5～7 天逐渐加大育苗设施的通风量，降温排湿，加大昼夜温差（番茄苗夜间温度可降至 5℃）。目的是使幼苗定植后能快速适应栽培场所的环境条件，加速缓苗，增强幼苗抗逆性。

6. 壮苗标准 健壮的幼苗从外观上看应达到枝叶完整无损，无病虫危害，长势健壮，茎粗、节短，叶厚、坚挺、色泽浓，保护组织形成较好，叶柄短粗具韧性，根系粗壮发达。幼苗 6～8 片叶，株高 20 厘米左右，茎粗 0.4 厘米左右，苗龄 25～30 天。

（六）定植与环境调控

1. 施肥整地 定植前 15～20 天，每亩施腐熟优质有机肥料 3～4 米^3、三元复合肥 50～60 千克、过磷酸钙 50 千克。有机肥料均匀散施地表，施肥后深耕耙平。在小高畦处挖深 15～20 厘米的浅沟，将化学肥料混合均匀施入沟中，然后覆土起高畦。

2. 栽培方式与定植 越冬茬番茄栽培，采取大小行、小高畦方式，即南北向畦，大行距 80～90 厘米，小行距 60～70 厘米。先做成平畦，每畦栽 2 行，株距 30～35 厘米，每亩定植 2 500～3 000 株。9 月下旬至 10 月上旬定植，栽苗后浇透水，地面干燥后划锄，7～10 天后，向植株覆土形成小高畦，并覆盖地膜。

3. 冬前及越冬期间的温光管理 定植后覆盖棚膜，白天棚温保持 28～30℃、夜间 17～20℃，10 厘米地温不低于 20℃，以促进缓苗。缓苗后，适当降低棚温，白天棚温保持 22～26℃、夜间 15～18℃。越冬期间，每天及时揭盖草苫，尽量延长光照时间；阴雪天气，也要进行揭盖，使植株接受散射光。越冬期间棚温白天保持 20～30℃、夜间 13～15℃，最低夜温不低于 8℃。晴天的午间温度达 30℃时，可用天窗通风。

4. 越冬后的温光管理 翌年 2 月中旬以后，随日照时数逐渐增加，应适当早揭草苫、晚盖草苫，尽量延长植株见光时间。注意清洁棚面薄膜，增加射入的光照。同时，注意通风，晴天时，白天棚温上午保持 25～28℃、下午 25～20℃、上半夜 15～20℃、下半夜 13～15℃；阴雨天，白天棚温 25～20℃、夜间 10～15℃。

（七）水肥一体化管理

1. 滴灌设备的安装与操作

（1）**设备的组成** 滴灌设备一般由首部、支管和毛管 3 部分组成。目前常用的首部主要有文丘里式和压差式施肥罐 2 种，支管选择 40# 的，毛管选用内镶式的滴管。支管、毛管的走向和行距按照地形、水源及番茄的种植模式来设置。首部应安在水源附近，要有离心泵和电机，电机功率为 1 千瓦，水泵上水量为每小时 5～6 米^3。

（2）**安装时间** 番茄定植后即可开始安装，支管必须顺着棚长的方向安装，滴管和支管方向垂直，即按棚宽的方向安装。滴管铺在靠近根部的地方，间距和番茄的行距保持一致。如果采取覆膜栽培方式，应先安装完滴灌后覆膜。

（3）**操作方法** 每次灌溉施肥前，按照水肥管理中所述肥料配方称取所用肥料，用较大的容器把肥料溶解、过滤，将肥液倒入施肥罐（文丘里式可用水桶等敞开容器）。渣滓倒掉，注意渣淬倒入土壤中时不要集中倒在一起，否则肥料浓度过大会引起烧苗。施肥罐与主管上的调压阀并联，施肥罐的进水管要达罐的底部，施肥前先灌水 10～20 分钟。施肥时，拧紧罐盖，打开罐的进水阀和出水阀，罐注满水后，调节阀门的大小，使之产生 2 米左右的压差，将肥液吸入滴灌系统中，通过各级管道和滴头以水滴形式湿润土壤。每次施肥时间控制在 40～60 分钟，防止由于施肥速度过快或过慢造成施肥不均或者不足。冬暖大棚一般从上午 10 时开始，早春大棚一般从下午 4 时开始，滴灌总用时间为 2.5～4 小时。施肥结束后，灌溉系统要继续运行 20～30 分钟清洗管道，防止滴管堵塞，并保证肥料全部施于土壤，渗到要求深度，以提高肥效。

2. 水肥管理　根据番茄需肥特性及目标产量，制定配套的施肥方案。追肥以滴肥为主，肥料应先在容器溶解后再放入施肥罐。

（1）定植至开花期　此期滴灌 2 次，第一次滴灌可不施肥，用水量为 15 米³/亩。第二次滴灌，肥料配方氮∶磷∶钾为 1∶0∶0.8，施肥量为尿素 10.9 千克/亩、硫酸钾 8 千克/亩，用水量为 14 米³/亩左右。

（2）第一至第三层果坐住期　此期每隔 15 天滴灌施肥 1 次，根据气温情况，一般每次用水量为 8～18 米³/亩。施肥配方氮∶磷∶钾为 1∶0∶1.25，每次施肥量为尿素 8.7 千克/亩、硫酸钾 10 千克/亩。根据墒情，随时可浇水，气温高时浇水量可大些。

（3）果实采收期　此期一般 15～20 天进行 1 次滴灌施肥，具体时间以天气情况或土壤墒情确定。施肥配方氮∶磷∶钾为 1∶0∶1.25，施肥量为尿素 8.70 千克/亩、硫酸钾 10 千克/亩，用水量为 12～18 米³/亩。气温高时，每 7～10 天浇 1 次水，水量可增加到 15～18 米³/亩。采收后期的 1～2 穗果，施肥配方不变，施肥量适当减少，施肥量为尿素 7 千克/亩、硫酸钾 8 千克/亩。

3. 水肥一体化系统使用注意事项　①严禁使用大流量、高扬程提水设备。②严禁使用不可溶肥料或不可溶农药，在溶解肥料时不要将固体肥料直接放入肥料罐，应充分溶解后倒入施肥罐。③滴肥前先滴水 10～20 分钟，滴肥后再滴清水 20～30 分钟，以清洗管路，避免肥料在滴头处结晶堵塞滴头。④每个月应定期清洗管路（打开滴灌灌末段冲洗）和过滤器。

（八）植株调整

番茄具有茎叶繁茂、分枝力强、生长发育快、易落花落果等特点，为调节各器官之间的均衡生长，改善光照和营养条件，在栽培过程中应及时采取搭架、绑蔓、整枝、打杈、摘心、疏花疏果等一系列植株调整措施。

1. 整枝　番茄除少数直立性品种外，均需搭架栽培。番茄整枝方法与土壤肥力、气候条件有关，常用的整枝方法有单干整枝、摘心换头整枝和双干整枝。

（1）单干整枝　只保留主轴，摘除全部叶腋内长出的侧枝。一般无限生长类型品种采用此种整枝方法，有限生长型品种进行高密度栽培时也可采用此种整枝方法。单干整枝方法适于密植，在生长期较短的条件下可获得较高的单位面积产量。缺点是单位面积用苗数多，根系发展受到一定限制，植株容易早衰。

（2）摘心换头整枝　植株于 5～6 穗果坐住时进行摘心，然后在植株顶部选留 1～2 个侧枝，当侧枝长有 3～4 片叶时去掉一侧枝，另一侧枝再留 2 片叶进行摘心，如此反复进行，有利于形成丰产的植株。

（3）双干整枝　除保留主枝外，再留第一花序下的一个侧枝，其余侧枝全部除去。这种整枝方法，早期产量不如单干整枝，且结果较晚，适用于生长期较长、生长势旺盛的中晚熟品种。在生长期较长、幼苗数量较少的情况下可采用。

2. 打杈、摘心　在整枝过程中，应摘除多余侧枝（即打杈）。打杈过晚，消耗养分过多；打杈过早会影响根系发育，尤其对生长势较弱的早熟品种，应待侧枝长至3～6厘米长时，分期分次地摘除。对无限生长型品种，在生长到一定果穗时，将植株顶部摘除，称为摘心或打顶，以保证在有限的生长期内所结的果实能充分肥大和成熟。摘心应根据栽培方式而定，一般南方地区栽培时留3～4层果穗；北方地区栽培时留4～5层果穗摘心。番茄栽培原则上不进行摘叶，以保持植株较大的同化面积，只有在结果盛期以后可对基部的病叶、黄叶陆续摘除，以改善通风透光条件，减少呼吸消耗。

3. 吊蔓 番茄生育期较长，一般在开花前（定植后1个月左右），可用麻绳或尼龙绳进行吊蔓，将绳的下部绑在番茄根部近地面处，上部绑在距离地面1.5～2.4米高的铁丝上。

（九）主要病虫害及防治

设施栽培番茄主要病害有病毒病、灰霉病、叶霉病、疫病、青枯病和猝倒病等，主要害虫有蚜虫、白粉虱、蓟马等，病虫害综合防治方法有以下几种。

1. 农业防治 ①选用抗病品种。针对当地主要病虫害控制对象及地片连茬种植情况，选用有针对性的高抗多抗品种。②创造适宜的生长环境。采取嫁接育苗，培育适龄壮苗，提高抗逆性；通过通风、覆盖、辅助加温等措施，控制各生育期温湿度；增施充分腐熟的有机肥，减少化肥用量；清洁田园（棚室），降低病虫基数；及时摘除病叶、病果集中销毁。

2. 物理防治 ①通风口处增设防虫网，以40目防虫网为宜。②悬挂诱杀板。棚内悬挂黄色诱杀板诱杀白粉虱、蚜虫、美洲斑潜蝇等对黄色有趋向性的害虫，每亩悬挂30～40块。

3. 药剂防治

（1）**病毒病** 发病初期，用2%宁南霉素水剂200～250倍液喷雾防治。

（2）**灰霉病、叶霉病** 发病初期，用50%乙烯菌核利可湿性粉剂800倍液，或65%乙霉威可湿性粉剂800倍液喷雾防治。

（3）**晚疫病** 发病初期，用72%霜脲·锰锌可湿性粉剂600～800倍液，或77%氢氧化铜可湿性粉剂500倍液喷雾防治。

（4）**青枯病等细菌性病害** 发病初期，用50%琥胶肥酸铜可湿性粉剂500倍液，或77%氢氧化铜可湿性粉剂500倍液喷雾或灌根防治。

（5）**猝倒病** 发病初期，用72.2%霜霉威水剂800倍液，或50%异菌脲可湿性粉剂1 500倍液，或70%代森锰锌可湿性粉剂500倍液喷雾防治，还可兼治灰霉病、立枯病或茎基腐病等。

（6）**蚜虫** 用50%抗蚜威可湿性粉剂2 000倍液喷雾防治。

（7）**白粉虱** 用25%噻嗪酮可湿性粉剂2 500倍液喷雾防治。

（十）主要生理障碍及防控

番茄果实在发育形成过程中，常见生理障碍（生理性病害）有畸形果、空洞果、顶腐病、裂果、筋腐病、日灼病等。

1. 畸形果 畸形果主要产生于花芽分化及发育时期，即在低温、多肥（特别是氮素过多）、水分及光照充足情况下，生长点部位营养积累过多，正在发育的花芽细胞分裂过旺，心皮数目过多，开花后由于各心皮发育的不均衡而形成多心室的畸形果。畸形果中的顶裂型或横裂型果实，主要是由于花芽发育时不良条件抑制了钙素向花器的运转而造成。另外，因为果实生长先是以纵向生长为主，以后逐渐横向肥大生长，所以植株在营养不良条件下发育的果实往往是尖顶的畸形果。预防方法：育苗期间温度不宜控制过低，水分及营养必须调节适宜。

2. 空洞果 即果实的果肉不饱满，胎座组织生长不充实，果腔变空，严重影响果实的重量和品质。受精不良、使用植物生长调节剂浓度过高等均容易产生空洞果。此外，在果实生长期间，温度过高、阳光不足，或施用氮肥过多，营养生长过旺，果实碳水化合物积累少等，也会形成空洞果。预防方法：加强栽培管理，为果实生长创造适宜条件。

3. 顶腐病 又称脐腐病、尻腐病。果实顶部发生黑褐色的病斑，在阴雨天气或空气湿度大时则发生腐烂，是由于果实缺钙而引起的生理病害。造成果实内缺钙的原因：一是土壤缺钙。二是土壤干燥、土壤溶液浓度过高，特别是钾、镁、铵态氮过多，影响植株对钙的吸收。三是在高温干燥条件下钙在植物体内运转速度缓慢。预防方法：增施有机肥，酸性土壤应施用石灰调节，保持适宜的土壤溶液浓度，适当控制铵态氮肥的用量，尽量避免地温过高及地温的激烈变化，均匀供水防止忽干忽湿。结果期，可用 0.5% 氯化钙溶液喷施新叶及新长出的花序，以补充钙素。

4. 裂果 一般大型品种裂果较多，由于在果实肥大初期，高温、强光及土壤干燥促使果皮硬化，而后期又因降雨或大量灌水，使果实生长跟不上果皮生长速度而产生裂果。预防方法：选择抗裂果品种，在结果期注意保持土壤湿润，水分供应均衡，防止土壤过干过湿，下雨前及时采收。

5. 筋腐病 筋腐病有褐变型和白化型 2 种，是由多种不良条件诱发的生理病害。幼苗期光照不足，果实肥大期土壤条件差，如施用未腐熟的有机肥、缺钾缺硼、氨态氮过多、土壤通气不良、夜温过高以及病毒病等因素综合影响而导致发病。预防方法：注意各种营养成分的配合使用，适当增施钾肥，施用氮肥以硝态氮为主，注意田间排水，改善土壤通气状况。

6. 日灼病 在夏季高温季节，由于强光直射，果肩部分温度上升，部分组织烫伤、枯死，产生日灼病。日灼病危害品种间差异较大，叶面积较小、果实暴露或果皮薄的品种易发病。预防方法：结果期最好采用圆锥架或"人"字架绑秧，绑秧时将果穗配置在架内叶荫处。适当增施钾肥可增强其抗性。

二、设施茄子水肥一体化栽培

（一）茄子的需水特性

茄子在高温高湿环境条件下生长良好，对水分的需要量大。但是，茄子不同生长发育阶段对水分的要求不同，幼苗初期在光照和温度等条件适宜的情况下，苗床水分充足，能促进幼苗健壮生长和花芽顺利分化，并能提高花的质量。所以，育苗时应选择保水能力强的壤土做床土，同时浇足底水，以减少播种后的浇水次数，稳定苗床温度。开花坐果期，由于茄子处于从营养生长向生殖生长的过渡阶段，为了维持营养生长与生殖生长平衡，避免营养生长过盛，在水分管理上应以控为主，不旱不浇水。结果期，在门茄"瞪眼"以前需要水分较少，门茄迅速生长后需水量逐渐增多，对茄收获前后需水量最大。茄子坐果率和产量与当时的降雨量及空气湿度呈负相关。空气相对湿度以 70%～80% 为宜，长期超过 80% 容易引起病害发生。土壤相对含水量以 60%～80% 为好，一般不能低于 55%，否则会出现僵苗、僵果。生产中要尽量满足茄子对水分的需求，否则就会影响生长发育，结果少、果实小、果面粗糙、品质差。茄子不耐通气不良和过于潮湿的土壤，因此还要防止土壤过湿，以免出现沤根。

（二）茄子的需肥特性

茄果类蔬菜是一类根系发达的植物，而且茄子采摘期长、产量高，对养分吸收量大。虽然茄子对土壤要求不太严格，但以富含有机质、土层深厚、保水保肥能力强、通气排水良好的沙质土壤生长最好，土壤 pH 值以 6.8～7.3 为好。

1. 茄子对不同营养元素的需求

（1）对氮肥的需求　茄子以采收嫩果为主，氮素营养对产量的影响特别明显。氮肥充足时，植株生长旺盛，花芽发育良好的结实率高。茄子从定植到拔秧均需要氮肥供应，定植后茄子耐高浓度氮肥的能力比番茄强，不太容易因氮肥过多引起植株徒长。

（2）**对磷的需求**　磷对茄子花芽分化发育有着直接的影响，苗期磷肥充足不仅利于根系发展，而且可以分化出优良的花芽；如果磷不足，会造成花芽发育迟缓或不发育，或形成不能结实的花。开花结果后，茄子对氮、钾的需求总量增多，但对磷的吸收开始减少；过多的磷往往会使果皮变硬，影响果实品质。

（3）**对钾的需求**　钾对花芽发育虽无明显影响，但缺钾少钾或者钾过量，均会使花芽分化推迟。在茄子生育中期以前，茄子对氮、钾的需求基本是一致的；盛果期，茄子对钾的需求明显增多。茄子整个生育期缺钾均会影响产量，因此在茄子全生育期均应该注意钾肥的施用。

（4）**对镁、钙的需求**　茄子对镁的需求在结果以后开始明显增加，缺镁会使花芽发育迟缓或不发育或形成不能结实的花，叶片主叶脉附近褪绿变黄，叶片早落而影响产量。土壤太湿或氮、钾、钙过多，均会引起缺镁症，表现为果实或叶片网状叶脉褐变而产生铁锈状。茄子对缺钙的反应不如番茄敏感。

2. 茄子不同生育期对养分的吸收量不同　茄子幼苗期对养分的吸收量不大，但对养分的丰缺非常敏感，养分供应状况影响幼苗的生长和花芽分化。从幼苗期到开花结果期对养分的吸收量逐渐增加，开始采收果实后茄子进入需要养分量最大的时期，对氮、钾的吸收量急剧增加，对磷、钙、镁的吸收量也有所增加，但不如钾和氮明显。茄子对各种养分的吸收特性也不同，氮素对茄子各生育期都非常重要，任何时期缺氮均会对开花结果产生极其不良的影响。从定植到采收结束，茄子对氮的吸收量呈直线增加趋势，在生育盛期氮的吸收量最高，充足的氮素供应可以保证足够的叶面积，促进果实发育。磷影响茄子的花芽分化，所以前期要注意满足磷的供应。随着果实的膨大和进入生育盛期，对磷的吸收量减少。茄子对钾的吸收量到生育中期均与氮相当，到果实采收盛期钾的吸收量显著增高。在盛果期，氮和钾的吸收增多。氮、磷、钾配合施用，可以相互促进。

一般每生产1 000千克茄子果实需氮3.65千克、磷0.85千克、钾5.75千克、钙1.8千克、镁0.4千克。生产中茄子栽培基肥应以有机肥为主，同时适量施入氮、磷、钾化肥。结果前期注意施用氮、磷化肥，结果后期氮、磷、钾配合施用，并酌情追施镁、钙等微肥。

（三）茄子水肥一体化栽培技术

1. 品种选择 日光温室茄子冬春栽培的环境特点是低温、弱光、通风不良、温室内湿度大，因此应选择株型紧凑、耐寒性和抗病性较强、连续结果能力强、肉质致密细嫩的品种。主要栽培品种有青选长茄、沈茄一号、齐茄一号、齐杂茄二号、绿圆茄、圆杂二号、天津快圆茄等。

2. 茬口安排 华北地区一般选择越冬茬栽培。8月下旬至9月上旬育苗，10月上中旬定植，日历苗龄50～55天，12月上中旬始收，翌年6月下旬拉秧。

3. 育苗技术

（1）常规育苗

①种子处理 浸种前可晒种6～8小时，为了消除种子表面附着的病原菌，可用1%高锰酸钾溶液浸种30分钟，捞出经反复淘洗后进行温汤浸种。用0.1%多菌灵溶液浸种1小时后再用清水浸泡3小时，对防治黄萎病有较好的效果。

②浸种催芽 先用55℃温水浸种15分钟，然后加凉水使水温降至30℃再浸种8小时。将浸泡过的种子，先用细沙搓去种皮上的黏液，再用湿布包好放到温暖处催芽。催芽可采用变温，即每天25～30℃保持8～16小时、16～20℃保持8～16小时，变

温出芽快而且整齐，5～6天可出齐苗。催芽期间每天翻动1～2次，出芽后适当降温，一般温度控制在16～25℃之间，若不能及时播种时，温度应再降低一些，进行"蹲芽"。

③播种　先配制营养土，其配方是50%没有种过茄科作物的熟土、40%腐熟有机肥、10%腐熟人粪干，营养土过筛后混拌均匀。播种前先在日光温室内的前半部分做成宽1～1.5米、埂高15厘米的畦，畦底搂平后铺9～10厘米厚营养土，浇足底水后撒播种子，每平方米苗床播种子35～40克，播后覆盖营养土1厘米厚。床面上覆盖地膜，使床土温度达20℃以上，促进尽快出苗。

④分苗前管理　幼苗大部分出土后撤去地膜，适当降低温度，白天苗床温度保持20～25℃、夜间15～17℃，10厘米地温保持20℃以上。幼苗出土后向床面撒2次营养土，第一次在大部分苗出齐时，第二次在子叶展开后，每次撒土厚2～3毫米。

⑤分苗　当茄苗长有2片真叶或第一片真叶展开时进行分苗，分苗时每株苗的营养面积按10厘米×10厘米，每亩定植田需分苗床面积40～50米^2。分苗床营养土配制和播种床基本相同，如果有机肥少，其比例可减少到30%。床土配好后进行消毒，其方法是每1000千克营养土用40%甲醛250～300克兑水100倍液混匀，可边喷洒边倒翻，堆好用塑料薄膜封严，密闭5～7天进行灭菌。分苗方法有2种：一是将苗移入营养钵中，装营养土要比钵口低1厘米，移苗后摆到苗床上并浇透水。二是在畦面上铺10～15厘米厚营养土，再按10厘米行距开小沟，按10厘米株距摆苗，摆好后浇足水并埋土。

⑥分苗后的管理　此阶段幼苗生长期温光条件好，要注意水分管理，浇透水，并尽量使夜间温度保持15℃左右，防止徒长。定植前10～15天，用营养钵育苗的要倒方1次，营养土育苗的先灌1次透水，过1～2天割坨、倒方进行晒坨，中午要放苫遮

阴，防止萎蔫。定植前 3～4 天喷 1 次药，药剂可选用 40% 氰戊菊酯乳油 2 000 倍液，或 75% 百菌清可湿性粉剂 600 倍液，以防蚜虫、茶黄螨和疫病等带入栽培设施。

（2）**嫁接育苗**　随着茄子保护地栽培面积的不断扩大，连作造成黄萎病、枯萎病、茎基腐病的发生日趋严重，药剂防治效果不明显，嫁接换根是防止这些土传病害的最佳途径；而且嫁接以后植株抗逆性增强，生长旺盛，品质增进，产量提高。近年来，日光温室冬春茬茄子已普遍进行嫁接育苗，日光温室早春茬和大中棚春茬茄子嫁接育苗也在发展。茄子嫁接的砧木有日本赤茄、CRP、托鲁巴姆等，生产实践中发现日本赤茄只抗黄萎病，不抗枯萎病，以托鲁巴姆表现最好，其次是 CRP。茄子嫁接育苗一般是采取劈接、靠接或插接法。茄子嫁接苗的播种期要比常规育苗提前 10～15 天，以弥补由于嫁接愈合所造成的非生长期。

①嫁接方法

劈接：砧木应比接穗早播 10～15 天，待砧木苗长到 4～5 片真叶、接穗苗长到 2～3 片真叶时进行嫁接。嫁接时先将砧木苗第三片叶以上的茎叶切除，然后由切口处沿茎中心线向下切开 1 厘米左右深的切口。接穗苗留 1 叶 1 心削成 0.7～0.8 厘米长的楔形，将其插入砧木的切口中，用夹子固定即可。

靠接：砧木要比接穗早播 10 天，在砧木 4～5 片真叶、茎粗 3～4 毫米、高 10 厘米以上，接穗 3～4 片真叶时进行嫁接。嫁接时，砧木切口选在第二片和第三片真叶之间，将第三片真叶以上的部分切掉，以减少水分蒸发。切口由上而下，角度为 30°～40°，切口长约 1 厘米、宽为茎粗的 1/2。将接穗带根拔出，在接穗和砧木切口相应的部位自下而上斜切，角度、长度、宽度同砧木。然后将接穗的舌形切口插入砧木的切口中，使二者互相衔接，随即用嫁接夹固定。最后将嫁接苗放在营养钵中培土浇水。嫁接后 10～15 天愈伤组织已长好，将接穗苗的根剪断，砧木切口上茎叶也剪掉。

插接：砧木应比接穗提前 7～10 天播种，在接穗播种后 25～30 天，砧木苗长有 2.5～3 片真叶、接穗苗长有 2 片真叶时进行嫁接。具体方法：在接穗苗子叶下从茎两边向下削成长 5 毫米左右的楔形接口；砧木苗留 1 片真叶切断用竹签扎孔，扎孔的深度以扎透侧面的表皮为准，而后将接穗插入即可。竹签的粗细要与接穗基本一致，所以要多准备几个粗细不同的竹签，以供选用。

②嫁接后的管理　嫁接后将苗栽到容器里，摆入苗床，床面扣小拱棚，白天温度保持 25～28℃、夜间 20～22℃，空气相对湿度保持 95% 以上。前 3 天遮阴，第四天早、晚见光，以后逐渐延长光照时间。6～7 天内不通风，密封期过后，选择温度、空气湿度较高的清晨或傍晚通风。随着伤口的愈合，逐渐撤掉覆盖物增加通风，可在每天中午喷水 1～2 次。嫁接后 10～12 天，伤口愈合后进入正常管理，靠接苗断掉接穗根，撤掉嫁接夹。嫁接苗一般在嫁接后 30～40 天即可达到定植标准。

4. 定　植

（1）**整地施基肥**　茄子忌连作，前茬作物收获后要进行深翻晾晒。基肥一般每亩施农家肥 5 000 千克、尿素 46 千克、过磷酸钙 100 千克、硫酸钾 30 千克。基肥 2/3 撒施，1/3 施于定植沟内。

（2）**定植方法与密度**　定植要选阴天过后晴天开头时进行。定植时先按 50 厘米窄行、70 厘米宽行交替开沟，沟深 5～6 厘米，然后按 45 厘米株距摆苗，埋土浇水。当土壤见干见湿时中耕松土，培土使垄高超过垄面 4 厘米，使苗行形成高 10 厘米左右的垄台，再在两垄上覆一幅 80～90 厘米宽的地膜，地膜开纵口把苗引出膜外，每亩栽苗 2 500 株左右。实施膜下暗灌。

5. 定植后管理

（1）**温度管理**　定植后缓苗期间要及时中耕，促进缓苗。缓苗后进入严寒季节，白天温度尽量保持 25～30℃，中午短时间出现35℃也不需通风，以利蓄热保温；夜间温度保持15～20℃，此期只可在中午在脊部扒小缝排湿。开花结果期，白天温度保持25～30℃、上半夜18～20℃、下半夜14～15℃，10厘米地温保持15℃以上、不能低于10℃。久阴乍晴，温室不能骤然间温度太高，中午前后要放草苫遮阴。3月份后天气转暖，要加大通风量，4月下旬以后温室肩部和腰部都要打开通风口通风，5月中旬室外夜间气温超过15℃时要昼夜通风。

（2）**光照管理**　11月份至翌年2月份室内光照强度不够，易形成短花柱花和畸形果。为此，除了经常保持薄膜表面清洁外，还可在温室后墙内侧张挂反光幕，以增加温室后部光照。

（3）**整枝**　日光温室茄子在四门斗形成后，易出现枝叶繁茂、通风不良情况。为此，目前除了将门茄下边枝叶全部打掉外，多采用双干整枝法调整株间的通风透光情况。双干整枝是在对茄形成后剪去2个向外的侧枝，形成2个向上的双干，以后所有的侧枝都要打掉，待结7个果实后摘心，以促进果实早熟。如果延长收获期，可采用剪枝再生技术，即在7个果实收获后，在主干距离地面10厘米处斜茬割下，然后松土、追肥、灌水，促进侧枝萌芽，选生长好的枝条再进行双干整枝，1个月后又可收获果实。

（4）**药剂控制**　1～3月份温室温度偏低，3月中旬以后室内又经常出现30℃以上的高温，为防止低温形成落花和畸形果，可在开花前后2天内用40～50毫克/千克防落素溶液喷花。需注意的是，在喷花操作时要用戴手套的手隔住枝叶，以防药害。植株长势弱的，药剂处理后易产生"坠秧"，生产中应待弱秧长势转旺后再进行处理。

6. 水肥一体化管理　根据茄子需肥特性及目标产量（每亩产量4 000～5 000千克），总结出配套施肥方案（表4-4）。追肥以滴肥为主，肥料应先在容器溶解后再放入施肥罐。

表4-4 日光温室冬春茬茄子滴灌施肥方案

生 育	灌 溉	灌水定额	每次灌溉加入的纯养分量（千克/亩）			备 注
时 期	次 数	（米³/亩·次）	氮（N）	磷（P₂O₅）	钾（K₂O）	
定植前	1	20	5	6	6	沟灌
苗 期	2	10	1	1	0.5	滴灌
开花期	3	10	1	1	1.4	滴灌
采收期	10	15	1.5	0	2	滴灌
合 计	16	220	25	11	31.2	

（1）**定植至开花期** 此期滴灌2次，第一次滴灌可不施肥，用水量为10米³/亩。第二次滴灌，施肥量为尿素2.2千克/亩、磷酸二氢钾2千克/亩，用水量为10米³/亩。

（2）**开花结果期** 此期灌溉施肥3次，每次滴灌施肥量为尿素2.2千克/亩、磷酸二氢钾2千克/亩、氯化钾1.4千克/亩，用水量为10米³/亩。

（3）**果实采收期** 果实采收前期每隔8天进行1次滴灌施肥，中后期每隔5天进行1次滴灌施肥，用量为尿素3.26千克/亩、氯化钾3.33千克/亩，用水量为15米³/亩。

7. 主要病虫害防治 日光温室茄子病害主要有黄萎病、绵疫病、褐纹病等，害虫主要有棉红蜘蛛和茶黄螨。

（1）**黄萎病** 播种前可用0.2%的50%多菌灵可湿性粉剂溶液浸种1小时。苗期和定植前喷施50%多菌灵可湿性粉剂600～700倍液。定植后发病初期浇灌15%混氨铜·锌·锰·镁水剂500倍液，也可用2%嘧啶核苷类抗菌素水剂200倍液灌根，每株灌药液150～250克，每10天1次，连续2～3次。

（2）**绵疫病** 又叫掉蛋、烂茄、水烂，是茄子的重要病害之一。发病初期可用75%百菌清可湿性粉剂500～600倍液，或64%噁霜·锰锌可湿性粉剂400～500倍液，或90%乙铝·锰锌

600 倍液喷施，每 7～10 天 1 次。还可用百菌清烟剂或粉尘剂防治。

（3）**褐纹病**　发病初期喷洒 75% 百菌清可湿性粉剂 600 倍液，或 40% 甲霜灵可湿性粉剂 600～700 倍液，或 64% 噁霜·锰锌可湿性粉剂 500 倍液，交替用药，视天气和病情隔 10 天左右 1 次，连续防治 3～4 次。

（4）**虫害**　红蜘蛛用 25% 灭螨猛可湿性粉剂 1 000 倍液喷洒防治，每 7～10 天 1 次，连喷 2～3 次。茶黄螨用 73% 炔螨特乳油 2 000～3 000 倍液喷洒防治，每 7～10 天 1 次，连喷 3 次。

8. 采收　茄子早熟品种，一般开花后 20～25 天就可以采收嫩果。门茄不及时收获，会影响对茄发育，出现坠秧，因此门茄采收宜早不宜迟。判断茄子果实是否适于采收，可以看茄子萼片与果实相连接的地方，如有一条明显的白色或淡绿色的环状带，则表明果实正在快速生长，组织柔嫩，不宜采收；如果这个环状带已趋于不明显或正在消失，则表明果实已停止生长，应及时采收。

三、设施辣椒水肥一体化栽培

（一）辣椒的需水特性

辣椒是茄果类蔬菜中最耐旱的一种作物，在生长发育过程中所需水分相对较少，且各生长发育阶段的需水量也不相同，一般小果型品种较大果型品种耐旱。种子只有吸水充足后才能正常发芽，一般催芽前种子需浸泡 6～8 小时，过长或过短均不利于种子发芽。幼苗期植株的蒸腾量小，需水较少，此期若土壤过湿，通气性差，根系发育不良，植株生长纤弱，抗逆性差，易感病。定植后，生长量加大，需水量增多，要适当浇水，但仍然要控制水分，以防植株徒长。初花期，需水量增加，要增大供水量，满足开花、分枝的需要。果实膨大期，需要的水分更多，若供水不足，果实膨大速度缓慢，果表皱缩、弯曲，色泽暗淡，形成畸形果，降低产量和品质；若水分过多，又易导致落花落果、烂果、死苗。空气湿度对辣椒生长发育也有影响，一般空气相对湿度在60%～80%时，植株生长良好，坐果率高；空气湿度过高影响授粉。土壤水分多，空气湿度过高，易发生沤根和叶片、花蕾、果实黄化脱落，若遭水淹没数小时，将导致植株成片死亡。

（二）辣椒的需肥特性

辣椒对氮、磷、钾肥料均有较高的要求，同时还需要吸收钙、镁、铁、硼、钼、锰等多种微量元素。在整个生育阶段，辣椒对氮的需求最多，占60%；钾次之，占25%；磷占15%。足够的氮肥是辣椒生长结果所必要的，氮肥不足则植株矮、叶片小、分枝少、果实小。但偏施氮肥，缺乏磷肥和钾肥则植株易徒长，并易感染病害。磷肥能促进辣椒根系发育，钾肥能促进辣椒茎秆健壮和果实膨大。

辣椒不同生育时期对养分的吸收量有所不同，幼苗期需肥量较少，一般不用施氮肥，但对养分要求全面，否则会妨碍花芽分化，推迟开花和减少花数。移栽定植后，对氮肥的需要量较少，磷、钾肥一般只能作为基肥深施。初花期，植株营养生长旺盛，氮肥的需要量也不太多。如果施氮肥过多，植株容易发生徒长，开花坐果推迟。同时，施氮肥过多枝叶过于嫩弱，容易感染病毒病、炭疽病。初花后，对氮肥的需要量开始逐渐增加。盛花至坐果期，果实迅速膨大，需要大量的氮、磷、钾肥。氮肥供抽发新枝，磷、钾肥供应根系、植株的生长和果实膨大，并可增加果实的光泽。

辣椒对氮的吸收随生育进展稳步增加，对硝态氮的吸收量与果实产量相平衡，直到采收结束。对磷的吸收虽然随生育进展而增加，但吸收量变化的幅度较小。钙的吸收也随生育期的进展而增加，若在果实发育期供钙不足，易出现脐腐病。对钾、镁的吸收量，同样在生育初期较少，从结果起不断增加，盛果期吸收得最多。钾素缺乏，容易造成植株落叶；缺镁会造成叶片叶脉间黄化。

一般每生产 1 000 千克辣椒果实，需要吸收氮 3～5.2 千克、磷 0.6～1.1 千克、钾 5～6.5 千克、钙 1.5～2 千克、镁 0.5～0.7 千克。

（三）辣椒水肥一体化栽培技术

1. 品种选择　日光温室冬季栽培的环境特点是低温、弱光、通风不良、温室内湿度大，因此日光温室越冬茬辣椒栽培宜选用耐低温弱光、抗病性强的高产品种，如中椒 108、国禧 105、红塔系列、海丰系列等。

2. 茬口安排　华北地区日光温室辣椒一般选择越冬茬栽培，7 月上旬育苗，8 月下旬定植，10 月下旬开始采收，翌年 5 月下旬拉秧结束。

3. 育苗技术

（1）种子处理

①晒种　播种前将种子摊在簸箕内晒 1～2 天，可增强种子活力，提高发芽率和发芽势，加速发芽和出苗，还兼有一定的杀菌消毒作用。用陈种子播种，播前晒种其效果尤为显著。

②种子消毒　辣椒种子可携带炭疽病、疫病、猝倒病、立枯病、疮痂病等多种病害的病原菌，播种前对种子进行消毒处理可预防病害。种子消毒方法：一是温汤浸种。先把种子倒入相当于种子体积 3 倍的 52～55℃热水中，为使种子受热均匀，要不断搅动和加热水使温度保持 15 分钟。然后让水温逐渐下降至 30℃或将种子转入 30℃的温水中，继续浸泡 5～6 小时。最后洗净附于种皮上的黏质。二是药剂消毒。先用常温清水将种子预浸 4～5 小时，再将种子浸入 1% 硫酸铜溶液或 0.1% 高锰酸钾溶液中 5 分钟，或 40% 甲醛 100 倍液中 20 分钟。为防止辣椒病毒病，可将预浸过的种子，再用 10% 磷酸钠溶液浸泡 20 分钟。将预浸过的种子放入 1 000 毫克/千克硫酸链霉素液中浸泡 30 分钟，对防

治疮痂病、青枯病效果较好。用药剂浸种后，需用清水将种子冲洗干净，否则影响种子发芽。三是干热处理。将充分干燥的种子置于70℃恒温箱内干热处理72小时，可杀死许多病原菌，而不降低种子发芽率，尤其对预防病毒病效果良好。

③浸种催芽　一般辣椒浸种时间应达8～10小时。种子浸入水中后搅动，去除浮子，并搓洗掉种子表面的污染物，再换清水浸泡至预定时间。浸种后沥干水分，用布包起来放在25～30℃条件下催芽。催芽过程中要经常翻动，种子过干时可用温水浸润，注意避免高温烫伤种子。若温度过低，催芽时间过长，种子上有霉菌时，须用温水把种子淘洗干净继续催芽。一般经过5～7天，大部分种子露白即可播种。

（2）**播种**　①使用72孔穴盘育苗。每立方米基质配方为4份草炭＋0.5份蛭石＋0.5份珍珠岩＋7.5千克有机肥＋7.5千克EM生物菌肥。可用高锰酸钾1000倍液均匀喷洒基质，或每立方米基质中加入50%多菌灵可湿性粉剂100克，充分混匀后使用。将催芽后的种子点播在穴盘中，每穴1粒，播种深度0.6～1厘米。播种后用基质覆盖种子，浇透水，以从渗水口看到水滴为宜。②采用规格10厘米×10厘米营养钵育苗。营养土配制按照40%田园土、60%草炭土或腐熟优质有机肥，混合后每立方米基质加磷酸氢二铵0.5～1千克，每钵播种1粒种子，播种深0.5厘米，然后覆盖细砂，浇透水。

（3）**育苗期管理**

①温度、光照管理　育苗期白天温度保持在25～28℃、夜间15～20℃，阴天温度适当低些。光照较强时，要加盖遮阳网进行遮阴处理和叶片喷水降温。

②水分管理　穴盘育苗因根坨较小，蓄水量少，需要不定期的补充水分。定植前5～7天控水炼苗。不同生育阶段基质相对含水量：播种至出苗为85%～90%、子叶展开至2叶1心为70%～75%、3叶1心至成苗为65%～70%。

③**养分管理**　出苗后 20 天左右进行叶面追肥，可喷施 0.3%
叶面宝溶液和 0.3% 磷酸二氢钾溶液。

苗龄 40 天、苗高 15 厘米、5 片真叶时即可定植。

4. 定　植

（1）**整地施基肥**　辣椒越冬茬栽培生长期长，必须施足基
肥，一般每亩施优质厩肥 7 500～10 000 千克、过磷酸钙 75～
100 千克、硫酸钾 20～30 千克、碳酸氢铵 50～75 千克、饼肥
50～100 千克。基肥宜采取地面普施和开沟集中施相结合的方
法，2/3 基肥结合耕地普施，1/3 基肥沟施，人工深翻 2 遍，把粪
和土充分混匀，而后在沟内浇水。

（2）**定植密度**　辣椒栽植密度较大，可采用双行单株定植，
大行距 70～80 厘米，小行距 35～45 厘米，株距 30 厘米。起垄
栽培，垄不宜太高，一般垄高 20～25 厘米。

（3）**定植方法**　选择晴好天气，于上午 9 时至下午 3 时定植
为好。按株距呈"丁"形挖穴，每穴浇灌 65% 甲霜灵可湿性粉
剂 1 000 倍液和 72% 硫酸链霉素可溶性粉剂 4 000 倍液共 100 毫
升，防止土壤中疫病、根腐病和疮痂病病菌对植株的侵染。定植
时苗坨与垄面平齐或略高，子叶方向与行向垂直，定植后用滴灌
浇透扎根水。

5. 定植后管理

（1）**温度管理**　定植后温度宜高，白天温度保持 28～30℃、
夜间 22～24℃、10 厘米地温 20～23℃。缓苗后白天温度保持
25～28℃、夜间 18～20℃、10 厘米地温 16℃以上。以后随着
光照变弱，天气变冷，温度可适度降低。但由于辣椒对低温的敏
感性很强，温度低于 13℃就可能引起单性结实，形成僵果。所
以，越冬茬栽培的温室，必须具有极好的保温能力，并在进入严
冬后采取保温措施。地温对辣椒生长发育影响很大，10 厘米地
温低于 18℃时产量会受到影响，低于 13℃时受到严重影响。进
入翌年 1 月份，植株枝叶繁茂，阳光直接照射量明显减少，如果

遇连阴天地中贮热会大量散失，地温会持续下降。低地温持续时间长，根系弱、植株节间短、坐果过度的植株会出现衰退现象。提高地温须从两个方面着手：一是整枝、摘叶，增加地面的透光量。二是地面覆膜，必要时人行道也要适当覆膜，但不是全部盖严，还需保留一定散失水分的地面，以保持温室内适宜的空气湿度。

（2）**光照管理**　每天上午9时卷起草苫后，及时擦去膜上的尘土；下雪后及时拉苫，增加光照；深冬季节光照弱时，要适当控水降低湿度，避免出现弱光、高湿、低温，否则植株长势弱、易感病。阴天，在温度允许的情况下揭开草苫，增加散射光照；最好在温室后墙张挂反光幕。

（3）**滴灌浇水**　根据节水技术规范及种植区的实际灌水经验，日光温室滴灌辣椒灌溉制度拟定主要技术参数：灌溉水利用率取90%，计划土壤湿润层深度取0.3米，土壤设计湿润比取90%，土壤干容重取1.43克/厘米^3，作物适宜土壤相对含水量上限取90%、下限取70%。经计算，初步拟定一大茬辣椒全生育期灌水次数为26次，灌溉定额263米^3/亩。具体情况拟定如下：

①土壤空白期　灌地水1次，灌水量为59米^3/亩。

②定植前　定植前灌定植准备水1次，灌水量为12米^3/亩。

③定植后　定植后灌定植水1次，灌水量为8米^3/亩。

④缓苗后期　移栽定植后，缓苗期为5～7天，缓苗期结束后灌水1次，灌水量为8米^3/亩。

⑤幼苗生长期　缓苗期结束后30～35天为辣椒幼苗生长期，灌水1次，灌水量为8米^3/亩。

⑥生长结果期　苗期结束后，一般7～12天灌水1次，共灌水21次，每次灌水8米^3/亩，共灌水168米^3/亩。

（4）**追肥**　当门椒长到3厘米左右时结合浇水进行第一次追肥，此后根据情况每浇2～3次水追1次肥。每次每亩追施硫酸铵20～25千克、硫酸钾15～20千克。植株生长较弱时每亩补施尿素10～15千克。

6. 植株调整

（1）**吊蔓**　先在温室后屋面下方和温室前部东西向拉 2 道铁丝，在 2 道铁丝之间每垄上方拉 2 道南北向的铁丝，铁丝高度为 2 米。门椒开花后，用尼龙线分别系于 3 个主枝第三、第四个分枝点，上端系到 2 根铁丝上。牵引的角度要视植株长势而定，植株旺时可放松些，把主枝生长点向外侧稍微弯曲；因结果而造成生长势衰弱的枝条，可用绳缠绕将生长点稍提起，以增强长势。随生长时期的推移，把主要侧枝均匀地缠绕在尼龙绳上。

（2）**整枝**　采取三干整枝法，保留植株基部第一分枝形成的 3 条分枝为 3 个主干，对于每个主干上再次产生的分枝，只保留 1 条强健的分枝作为延长枝，级级如此。也就是说，整个植株一直保留 3 条主干。主干上每个分枝的侧枝，离地面 50 厘米以内的尽量保留，侧枝上所结果实因离地面距离近，营养及水分供应充分，长势良好，能够提高前期产量，果实采摘后应及时将其清除。在门椒以下各叶间发生的腋芽要及时抹去，如果在生长后期腋芽萌发分枝，可留 2～3 节摘心，以提高后期产量。对老叶、病叶要及时摘除。甜椒忌枝条重叠，前期剪除拥挤枝条，防止直立生长；3 月中下旬后枝条量大，造成内部拥挤的，要疏剪弱枝、徒长枝。一般辣椒植株高度达到 2 米左右，每个主枝能结 15～18 个果实，单果重约 42 克，单株产量可达 2.31 千克以上，每亩产量约 6 250.9 千克。

7. 主要病虫害防治

日光温室辣椒主要病害有疫病、白粉病、灰霉病、病毒病等，主要害虫有蚜虫、白粉虱等。

（1）**疫病**　在定植前每亩用 4% 三乙膦酸铝颗粒剂 5 千克进行土壤消毒。盛果期根施 2 次 4% 三乙膦酸铝颗粒剂进行早期预防，每穴用量 2 克。发病后可用 25% 甲霜灵可湿性粉剂 800～1 000 倍液，或 75% 百菌清可湿性粉剂 600 倍液，或 20% 噻菌铜悬浮剂 400～600 倍液喷雾防治。

（2）**白粉病**　发病初期，可选用50%硫黄悬浮剂200～300倍液，或10%噁醚唑水分散粒剂3000倍液＋75%百菌清可湿性粉剂600倍液喷雾防治，每7～15天喷1次，连续2～3次，防效明显。

（3）**灰霉病**　发病初期用50%腐霉利可湿性粉剂1500～2000倍液，或40%嘧霉胺可湿性粉剂800～1200倍液喷雾防治。在番茄灵溶液中加入0.1%的50%腐霉利可湿性粉剂或50%异菌脲可湿性粉剂蘸花或涂果柄，既可防止落花又兼治灰霉病。

（4）**病毒病**　可用1.5%烷醇·硫酸铜乳剂500倍液，或10%混合脂肪酸水剂200倍液，或20%吗胍·乙酸铜可湿性粉剂500倍液喷洒防治。

（5）**蚜虫、白粉虱**　可选用25%噻虫嗪水分散粒剂1500～2500倍液，或2.5%氯氟氰菊酯乳油4000～5000倍液喷雾防治。

8. 采收　门椒早收。其他果实原则上在果实充分膨大、果肉变硬、果皮发亮时采收。采收时用剪刀剪切，不可用手扭断，以免枝条断裂。

第五章
瓜类蔬菜水肥一体化栽培技术

一、设施黄瓜水肥一体化栽培

（一）黄瓜的需水和需肥特性

1. 黄瓜的需水特性 黄瓜根系浅，叶面积大，地上部消耗水分多，对空气湿度和土壤水分要求均比较严格。黄瓜适宜的土壤相对湿度苗期为 60%～70%、成株期为 80%～90%，适宜的空气相对湿度为 60%～90%。理想的空气湿度是苗期低，成株期高；夜间低，白天高，低至 60%～70%，高至 80%～90%。黄瓜喜湿怕旱又怕涝，经常浇水才能保证高产，但一次浇水过多会造成土壤板结和积水，影响土壤的透气性，反而不利于植株生长。特别是早春、深秋和深冬季节，土壤温度低、湿度大时植株极易发生寒根、沤根和猝倒病。

黄瓜不同生育阶段对水分要求也不同。发芽期要求水分充足，但土壤相对湿度应低于 90%，以免烂根。幼苗期要求水分适中，土壤相对湿度以 80% 左右为宜，水分过多，幼苗易徒长和沤根；水分不足，幼苗易老化。初花期需控制水分，促进根系向深层发展，防止地上部徒长。结果期营养生长和生殖生长同步进行，茎叶迅速生长，果实快速发育，要求充足的水分；水分不足，易出现畸形瓜或化瓜。

黄瓜对空气湿度的适应能力比较强，可以耐受95%～100%的空气相对湿度。黄瓜对较低空气湿度的适应能力，随土壤湿度的增高而增强。空气相对湿度超过90%影响光合作用，并易造成病菌侵入和病害蔓延。土壤水分充足时降低空气湿度能减少病害发生，延长生育期，获得高产。所以，设施栽培黄瓜，在阴天及刚浇水后空气湿度大，应注意通风排湿。

　　2. 黄瓜的需肥特性　黄瓜根系浅，根群弱，以选择富含有机质、透气性良好、既保肥保水又排水良好的壤土栽培为宜；黏质土壤栽培黄瓜，生育迟缓，幼苗生长缓慢，但经济寿命长，产量较高；沙质土栽培，发棵快，结瓜早，但植株易老化早衰，总产量低。黄瓜喜微酸性到弱碱性土壤，在 pH 值 5.5～7.6 范围内均适应，以 pH 值 6.5 最为适宜。

　　黄瓜苗期对氮、磷、钾的吸收量仅占总吸收量的1%左右，此期施磷肥效果特别显著。从定植到结瓜对磷的吸收量较大，对氮、钾的吸收量不到总吸收量的20%。盛瓜期对氮、磷、钾的吸收量分别占总吸收量的73.1%、71.08%、70.65%。到拉秧期，植株逐渐衰老，对养分的吸收能力减弱，植株吸收的养分主要用于果实形成。

　　黄瓜全生育期对氮、磷、钾肥的推荐比例为 1∶0.33∶1.35，其中苗期为 4.5∶1∶5.5、初瓜期为 1∶0.74∶1.8、盛瓜期为 2.5∶1∶2.5、拉秧期为 1∶0.59∶1.07。

　　黄瓜植株生长快，短期内产生大量果实，而且茎叶生长与结瓜同步进行，因此需要吸收大量的营养元素，生产中用肥量一般比其他蔬菜大。但黄瓜根系吸收养分的范围较小、能力较差，而且耐受土壤溶液的浓度也较小。所以，黄瓜施肥应以有机肥为主，只有在大量施用有机肥的基础上提高土壤的缓冲能力，才能施用较多的速效化肥。生产中，播种时应施少量磷肥作种肥，苗期喷洒磷酸二氢钾溶液，定植后 30 天左右（即根瓜采收前后）开始追肥，之后逐渐增加追肥量和追肥次数。施用化肥要配合浇水进行，以少量多次为原则。

黄瓜对矿质元素的吸收量以钾为最多，氮次之，再次之为钙、磷、镁等。每生产1 000千克黄瓜果实，需吸收氮2.8千克、磷0.9千克、钾5.6～9.9千克、钙3.1千克、镁0.7千克。

（二）品种选择

1. 津优2号　天津黄瓜研究所育成的早熟杂交一代。植株生长势较强，以主蔓结瓜为主，瓜码密，几乎节节有瓜，回头瓜多。瓜长棒形，瓜长34厘米左右，瓜把短，瓜色深绿，有光泽，刺瘤中等，白刺。瓜肉深绿色，口感脆，品质优。耐低温弱光，高抗霜霉病、白粉病和枯萎病。播种至始收需60～70天，采收期为80～100天，单瓜重约200克。适合我国北方各地日光温室冬春茬和大棚春提早栽培。

2. 津优30号　天津黄瓜研究所育成的杂交一代。植株长势强，以主蔓结瓜为主。瓜条顺直，瓜长35厘米左右，单瓜重220克左右。瓜绿色，有光泽，瘤显著，密生白刺。瓜肉淡绿色，口感脆，味甜。耐低温弱光，抗枯萎病、霜霉病和白粉病。适合华北、东北、西北和华东地区日光温室越冬茬和冬春茬栽培。

3. 津优3号　天津黄瓜研究所育成的早熟杂交一代。植株生长势强，较耐低温和弱光，株型紧凑，叶色深绿，叶片中等大小。以主蔓结瓜为主，分枝性弱，瓜码密，回头瓜多，在良好栽培条件下，可反复多茬结瓜。瓜条顺直，瓜把短，瓜长30～33厘米，瓜色深绿，瘤显著，密生白刺，单瓜重200克左右。该品种是目前抗病性强、丰产性好的越冬茬日光温室栽培的高产品种之一。

4. 津春2号　天津黄瓜研究所育成的杂交一代。植株长势中等，株型紧凑，结瓜后能自封顶，分枝少。单性结实能力强，以主蔓结瓜为主，瓜码密，3～4节开始结瓜。瓜长棒形，瓜长30厘米左右，瓜色深绿，白刺。耐低温弱光能力强，抗霜霉病、白粉病和枯萎病能力较强。早熟，单瓜重 200～300 克，每亩产量 5 000 千克左右。适合大中棚、小棚及日光温室早熟栽培。

5. 津春 3 号 天津黄瓜研究所育成的杂交一代。植株生长势强，叶片肥大、深绿色，分枝性中等。以主蔓结瓜为主，回头瓜多，单性结实能力强。瓜长棒形，瓜条顺直，瓜长 30 厘米左右，瓜把长 4 厘米左右。瓜绿色，刺瘤适中，白刺，有棱，风味较佳。耐低温弱光能力强，抗霜霉病和白粉病。早熟，播种至开始采收约 50 天，单瓜重约 200 克。适合日光温室越冬栽培。

6. 新泰密刺 山东省新泰市地方品种。植株生长势较强，茎粗，节间短，主蔓结瓜，第一雌花着生在 4～5 节，一节多瓜，回头瓜多。瓜长棒形，瓜长 25～35 厘米、横径 3～4 厘米，瓜把较长，深绿色，刺瘤密，白刺，棱不明显。口感脆嫩，微甜，品质好。耐低温、弱光，抗枯萎病，不抗霜霉病、白粉病，早熟，单瓜重 250 克左右。适合日光温室及大棚栽培。

7. 中农 202 中国农业科学院蔬菜花卉研究所最新育成的极早熟杂交一代。植株生长势强，生长速度快，以主蔓结瓜为主。瓜长棒形，瓜把短，瓜条直，瓜长 35 厘米左右、横径 4 厘米左右。瓜色深绿，有光泽，瓜表面无棱，刺瘤小，稀密中等，白刺。瓜肉厚，心腔小，质脆，味微甜，商品性好。第一雌花节位 2～3 节，单瓜重 150 克左右。为保护地栽培专用品种。

8. 中农 7 号 中国农业科学院蔬菜花卉研究所育成的早熟雌型三交种。植株生长势强，主蔓结瓜，第一雌花着生于主蔓 2～3 节，雌花节率达 80% 左右，结瓜集中。瓜长棒形，瓜长 30～35 厘米，瓜把长 4～5 厘米，深绿色，无棱，刺瘤密，白刺，品质好。较耐低温弱光，抗霜霉病、白粉病，较抗黑星病、枯萎病、疫病。适合北方大棚春早熟栽培。

9. 中农 9 号 中国农业科学院蔬菜花卉研究所新近育成的中早熟少刺型杂交一代。植株生长势强，第一雌花始于主蔓 3～5 节，雌花间隔 2～4 节，前期主蔓结瓜，中后期以侧枝结瓜为主，雌花节多为双瓜。瓜短筒形，瓜长15～20厘米，瓜色深绿一致，有光泽，无花纹，瓜把短，刺瘤稀，白刺，无棱，品质中上等。抗霜霉病、枯萎病、黑星病等病害。适合春大棚、春日光温室及秋延后栽培。

10. 中农 12 号　中国农业科学院蔬菜花卉研究所新近育成的中早熟杂交一代。植株生长速度快，以主蔓结瓜为主，瓜码密。瓜长棒形，瓜长30厘米左右，瓜色深绿一致，有光泽，瘤小，白刺，口感脆甜，品质佳。抗霜霉病、白粉病、花叶病毒病，中抗黑星病、细菌性角斑病、枯萎病。早熟，单瓜重150～200克。适合北方早春保护地、早春露地和秋延后栽培。

11. 中农 19 号　水果型雌型杂交一代。瓜短筒形，瓜长15～20厘米，瓜色亮绿一致，无花纹，瓜面光滑，口感脆甜。具有很强的耐低温、弱光能力，抗枯萎病、黑星病、霜霉病和白粉病等。连续坐瓜能力强，单瓜重约100克。适合日光温室越冬茬和大棚春早熟栽培。

（三）种子处理

1. 种子清选　除掉杂质和不成熟的种子，提高种子纯净度和使用价值。比较简易可行的方法有风选、水选、筛选和人工手选等。

2. 种子消毒处理　许多病害是通过种子传播的，其中多数病原菌寄生在种子的表面，种子消毒处理可以杀死病原菌，避免病害的发生。种子消毒的方法较多，常用方法有以下5种。

（1）**温汤浸种**　温汤浸种所用水温为55℃左右，用水量是种子体积的5～6倍。先用常温水浸种15分钟，然后转入55～60℃热水中不断搅拌，保持该水温10～15分钟，将水温降至30℃继续浸种4～6小时。

（2）**热水烫种**　此法一般用于难于吸水的种子，水温为70～75℃，水量不宜超过种子量的5倍，种子应充分干燥；烫种时用 2 个容器，将热水来回倾倒，最初几次动作要快而猛，使热气散发并提供氧气；一直倾倒至水温降到 55℃时，改为不断地搅动，并保持 7～8 分钟。可用 55℃温水浸种 10～15 分钟，不断搅拌，当水温降至 30℃时停止搅拌，再浸泡 3～4 小时，可预防黄瓜真菌病害。

（3）**药液浸种**　种子消毒常用的药剂有 1%高锰酸钾溶液、10%磷酸钠溶液、1%硫酸铜溶液、40%甲醛 100 倍液等，一般用药液浸种 5～10 分钟，再用清水反复冲洗种子，洗至无药味为止。用 10%磷酸钠溶液浸种 20～30 分钟，或 40%甲醛 100～200 倍液浸种 15～20 分钟，捞出后清水洗净，可预防黄瓜病毒病。

（4）**药剂拌种**　将药剂与种子混合均匀，使药剂黏附在种子的表面，然后再播种。药剂用量一般为种子重量的 0.2%～0.3%，常用药剂有 70%敌磺钠可溶性粉剂、50%多菌灵可湿性粉剂、40%福美·拌种灵可湿性粉剂、25%甲霜灵可湿性粉剂等。用种子重量 0.4%的 50%多菌灵可湿性粉剂拌种，可预防黄瓜真菌性病害。

（5）**干热处理**　干热处理是将充分干燥（含水量低于 4%）的种子放在 75℃以上的高温条件下处理。这种方法可钝化病毒，还可提高种子的活力，适用于较耐热的蔬菜种子，如瓜类和茄果类蔬菜种子等。在 70℃高温条件下处理 2 天，可使黄瓜绿斑花叶病毒完全丧失活力而死亡。

3. 催芽处理　催芽是在消毒浸种之后，为了促进种子萌发所采取的技术措施。催芽过程中主要满足种子萌发所需要的温度、湿度、氧气和光照条件，促使种子的营养物质迅速分解转运，供给种子幼胚的生长需要。温度管理，应初期低后期逐渐升高，当种子露白时再降低，使胚根苗壮。湿度管理，以种皮不发滑又不发白为宜。催芽适宜温度为 25～28℃，一般经 24 小时即可达到播种要求。催芽过程中注意每隔一段时间翻动 1 次种子，使之受热均匀，并保证种子水分需求和氧气供应。催芽期间也可进行胚芽锻炼，方法是将刚破嘴的种子连同包布置于 -2～-1℃低温条件下 12 小时，然后再于 18～22℃条件下催芽，如此反复 2～3 天，可显著提高种子耐寒能力，增强幼苗对低温的适应性。生产中，浸种后若遇天气状况不适宜播种时，可以采用胚芽锻炼方法控制种子出芽时间。

4. 播种　每亩苗床播种量为 120～200 千克。播种前先浇足底水，待水分渗下后，按 8～10 厘米见方在苗床预先划方格，然后于每方格的中央播 1 粒种子。采用容器育苗时，每营养钵点播 1 粒种子，播后需用过筛细土进行覆盖。覆盖厚度一般为 1～2 厘米，过厚不利于种芽拱土，过薄则易于导致"戴帽"出土。为利于苗床或营养钵增温、通气和种芽拱土，覆土时最好形成以种子为中心、直径 5 厘米左右的小土堆。然后再于整个畦面均匀铺撒厚 5～7 毫米的过筛细土，利于畦面保墒和防止出现裂缝。最后，再用塑料薄膜封严密闭，夜间盖草苫。

（四）茬口安排

日光温室黄瓜栽培一般可分为秋冬茬栽培、越冬茬栽培及冬春茬栽培。冬季光照资源较差的地区，日光温室黄瓜大都采用秋冬茬或冬春茬栽培模式，光照资源充足的地区则大多以越冬茬栽培为主。尽管各地气候条件差异较大，但各地黄瓜设施栽培茬口安排却基本相似（表 5-1）。

表 5-1　日光温室黄瓜栽培主要茬口安排　（旬/月）

栽培模式	播种期	定植期	收获期	育苗条件
日光温室秋冬茬	中/8	—	上/10 至下/12	直播
日光温室越冬茬	上/9 至上/10	下/10 至上/11	上/12 至翌年下/5	温室
日光温室冬春茬	上/12	翌年下/1 至中/2	上/3 至下/6	温室

（五）育苗技术

1. 常规育苗 播前 7～10 天，对日光温室进行消毒处理，方法是每 100 米³ 空间用硫黄粉 250 克、锯末 500 克混合熏烟 12 小时左右。在日光温室中柱前 50 厘米以南，做宽 1～1.5 米的畦，有条件的可铺设地热线。用 60% 田土和 40% 腐熟有机肥混合配制营养土，每立方米土加 50% 多菌灵可湿性粉剂 180 克、58% 甲霜·锰锌可湿性粉剂 50 克，过筛后用农膜盖好闷 24 小时。采用直径 10 厘米、高 10 厘米的营养钵，内装营养土 8 厘米高，浇透水，水渗后在每个营养钵内播发芽种子 1 粒，覆土厚约 1 厘米，平盖地膜，以利于保墒。出苗后除雨天和夜间外，尽量使幼苗通风透光。幼苗期气温高，蒸发量大，苗床必须保证水分供应，缺水要及时补充。育苗期间，为促进雌花形成可用乙烯利处理，一般在 2 片真叶期用 40% 乙烯利水剂 4 000 倍液在傍晚进行喷雾。幼苗 2 叶 1 心至 3 叶 1 心时即可定植。

2. 嫁接育苗 黄瓜是日光温室种植的主要蔬菜，轮作倒茬困难，连作引起的枯萎病日趋严重，采用嫁接育苗是防治枯萎病的有效措施；而且砧木根系发达、耐旱、耐寒和吸收水肥的能力较强，利于黄瓜高产优质。黄瓜砧木以南瓜为主，主要有黑籽南瓜、南砧 1 号、新土佐、壮士、共荣等品种。

（1）嫁接方法 黄瓜嫁接方法主要是靠接、插接、断根插接、劈接、芯长接和二段接等。

①靠接 通常接穗黄瓜比砧木南瓜早播 2～5 天，黄瓜播种后 10～12 天、第一片真叶始露至半展，砧木南瓜子叶全展、第一片真叶显露时即可嫁接。嫁接过早，幼苗太小操作不方便；嫁接过晚，成活率低。嫁接时首先将砧木苗和接穗苗的基质喷湿，从育苗盘中挖出后用湿布覆盖。嫁接操作时，取接穗在子叶下部 1～1.5 厘米处呈 15°～20° 角向上斜切一刀，深度达胚轴直径 3/5～2/3；去除砧木生长点和真叶，在其子叶节下 0.5～1 厘米

处呈 20°～30°角向下斜切一刀，深度达胚轴直径 1/2，砧木和接穗切口长度 0.6～0.8 厘米。最后将砧木和接穗的切口相互套插在一起，用嫁接夹固定或用塑料条带绑缚。将砧穗复合体栽入营养钵中，两者根茎距离保持 1～2 厘米，以利于成活后断茎去根。

靠接苗易管理，成活率高，生长整齐，操作容易。但此法嫁接速度慢，接口需要固定物，并且增加了成活后断茎去根工序，而且接口位置低易受土壤污染和发生不定根，幼苗搬运和田间管理时接口部位易脱离。

②插接 接穗子叶全展，砧木子叶展平、第一片真叶显露至初展为嫁接适期。根据育苗季节与环境，南瓜砧木比黄瓜早播 2～5 天，黄瓜播种后 7～8 天嫁接。嫁接时首先喷湿接穗、砧木苗钵（盘）内基质。剔除砧木苗生长点，用竹签从顶心呈 40°角向下斜插 0.5 厘米，以手指能感觉到其尖端压力为度。然后将接穗苗在子叶下 0.5 厘米处削成楔形。拔出砧木上的竹签，将削好的接穗插入砧木小孔中，使两者密接。砧、穗子叶伸展方向呈"十"字形，利于见光。

插接法嫁接，砧木苗无须起出，还减少了嫁接苗栽植和嫁接夹使用等工序，也不用断茎去根，嫁接速度快，操作方便，省工省力；嫁接部位紧靠子叶节，细胞分裂旺盛，维管束集中，愈合速度快，接口牢固，砧、穗不易脱裂折断，成活率高；接口位置高，不易再度污染和感染，防病效果好。但插接对嫁接操作熟练程度、嫁接苗龄、成活期管理水平要求严格，技术不熟练时嫁接成活率低，后期生长不良。

③断根插接 从砧木胚轴适当长度切断后进行嫁接，促其生根长成完整植株，嫁接时采用插接法即为断根插接。用新土佐作砧木嫁接时常用此法，黑籽南瓜苗胚轴太短、子叶太大应用较少。根据嫁接时温度条件，砧木比接穗提前 2～3 天播种或砧、穗同时播种，砧木第一片真叶长 0.5～1 厘米、接穗第一片真叶长 0.2～0.5 厘米时嫁接。嫁接前 1～2 天适当降温控水，促使胚

轴硬化，嫁接当天苗床充分浇水，使植株吸足水分，最好喷洒1次低浓度杀菌剂。嫁接时在砧木子叶节下留5～6厘米将胚轴切断，越靠近根部胚轴生根能力越强，接穗于子叶节下2～3厘米切断，将两者分别放入湿润的容器中，用湿布覆盖防止萎蔫。注意一次性剪取砧木、接穗数量不要过多，最好随剪断随嫁接。插接完毕后将砧穗复合体插栽入装有基质的育苗钵（盘）中，插栽深度2～3厘米，然后扣棚密闭遮阴。断根插接法操作简单、省力，砧木和接穗完全不附着泥土，嫁接效率高。幼苗重新生根，侧根数量多，植株长势旺盛，利于提高产量。但嫁接后管理要求精细，比普通插接费工。

④劈接　适宜嫁接时期为接穗2片子叶充分展开、砧木第一片真叶出现，砧木比接穗提早3～8天播种。嫁接时将砧木心叶摘除，然后用刀片在胚轴正中央或一侧垂直向下纵切，切口长1～1.5厘米，再把接穗胚轴削成楔形，削面长短与砧木切口长度相对应，最后将接穗插入砧木切口并用嫁接夹固定或用塑料薄膜条缠绑。黄瓜劈接苗管理困难，成活率较低，生产中应用较少。

（2）**嫁接后的管理**　嫁接后3天内苗床不通风、不见光，苗床温度白天保持在25～28℃、夜间18～20℃，空气相对湿度保持90%～95%。3天后视苗情，以幼苗不萎蔫为度进行短时间少量通风，以后逐渐加大通风量。1周后接口愈合，即可逐渐揭去草苫，并开始大通风，苗床温度白天保持22～26℃、夜间13～16℃，若床温低于13℃应加盖草苫。育苗期视苗情浇1～2次水。采用靠接法的，在接口愈合后，及时剪断接穗的根。

为提高黄瓜的抗逆性，培育适龄壮苗，应进行大温差管理。嫁接苗成活后，白天温度保持25～30℃，不超过35℃不通风，前半夜温度保持15～18℃、后半夜11～13℃，早晨揭苫前10℃左右，有时可短时间降至5～8℃，10厘米地温保持在13℃以上。水分无须过分控制，以适宜的水分、充足的光照和昼夜大温差来防止幼苗徒长。冬春茬黄瓜苗龄不宜太大，以 3～4 叶 1 心、株高 10～13 厘米时定植为宜，日历苗龄 35 天左右，不宜超过 40 天。

3. 壮苗标准　幼苗子叶完好，茎粗壮，叶色浓绿，无病虫危害；4～5 片真叶，株高 15 厘米左右，根系发达，苗龄 25～30 天。

（六）定植与环境调控

1. 定植前的准备

（1）**覆盖棚膜及棚室消毒**　定植前 1 个月把棚膜覆盖好，并进行棚室消毒。每亩用 80% 敌敌畏乳油 200 毫升、硫黄 1.5～2 千克，与适量锯末混匀点燃，闷棚 1～2 天，可有效地杀死棚内的病菌和虫卵。对根结线虫病危害严重的棚室，还可以每亩施石灰氮 80 千克，与土壤充分混匀。

（2）**整地施基肥**　基肥以有机肥为主，每亩施充分腐熟有机肥 5 000 千克，深翻 40 厘米混匀。也可以连年施入发酵腐烂的碎草、麦秸、稻壳等有机物，最好是应用秸秆生物反应堆技术，这样既可有效提高地温，增加土壤有机质，改善土壤环境，又可减轻病害发生，改善产品品质，增产增效。

2. 定植　越冬茬黄瓜一般在 10 月下旬至 11 月上旬定植。采取滴灌方法，可做宽 1.2 米、高 15 厘米左右的高床，采取地膜覆盖，可以先覆膜后定植，也可以先定植后覆膜。定植苗要严格筛选，剔除病苗、弱苗及嫁接不合格的苗，按 28～30 厘米株距开定植穴，将苗植入穴内，浇定植水，然后覆地膜，每亩栽植 3 500 株左右。

3. 温湿度管理　①定植后白天室温保持 28～30℃、夜间 15～20℃。缓苗后至结瓜前，以蹲苗为主，控制浇水，进行多次中耕，白天室温保持 25～28℃、夜间 12～15℃，中午前后不要超过 30℃。此期间要加强通风散湿，夜间可在温室顶部留通风口。②进入结瓜期，上午8时至下午1时室内温度保持25～30℃，超过28℃通风；下午1～5时温度保持20～25℃；下午5时至夜间12时温度保持20～15℃；凌晨0～8时温度保持12～15℃。深冬季节晴天时可控制较高温度，室内温度达30℃以上时通风。深冬季节可在晴天揭苫后或中午前后短时通风。③2月下旬后气温回升，黄瓜进入结瓜盛期，要重视通风，调节室内温湿度，使室内温度白天保持28～30℃、夜间13～18℃，温度过高时可通腰风和前、后窗通风。当夜间室外最低气温达15℃以上时，不再盖草苫，可昼夜通风。

4. 光照调节　生产中应采用无滴膜覆盖，注意合理密植和植株调整，经常清扫薄膜上的碎草和尘土，增加射入的光照。越冬期间，每天及时揭、盖草苫，尽量延长光照时间；阴雪天气，也要进行揭、盖草苫，使植株接受散射光。

5. 二氧化碳施肥　空气中二氧化碳含量约为0.03%，远远满足不了黄瓜光合作用的需要。特别是温室冬季黄瓜栽培，由于棚温偏低、通风量少，若有机肥施用也不足，会发生二氧化碳亏缺。为此，应于晴天上午9～11时进行二氧化碳施肥，温室内适宜的二氧化碳浓度为800～1000微升/升。

（七）水肥一体化管理

定植后至坐瓜前不追肥，可结合喷药用0.2%磷酸二氢钾＋0.2%尿素或0.3%三元复合肥叶面喷肥。第一次灌水在定植时进行，用水量为15～20米³/亩。当植株有8～10片叶、第一瓜长约10厘米时，进行第二次灌水并结合施肥，每亩施尿素肥10～15千克、硫酸钾10～12千克，用水量为15米³/亩。入冬前，每15～20天追肥1次，除结合追肥浇水外，从定植到深冬季节，应以控为主，如果植株表现缺水可浇小水。2月下旬后，黄瓜需肥水量增加，要适当增加浇水次数和浇水量，每隔7～10天浇1次水。进入盛果期后，可适当减少浇水次数。盛果期结合浇水每 10～15 天追 1 次肥，每次每亩施尿素 8～10 千克、硫酸钾 12～15 千克。黄瓜全生育期灌水 12～15 次、追肥 8～10 次。生育后期可用 0.2%～0.3% 尿素溶液或磷酸二氢钾溶液进行叶面追肥，以壮秧防早衰。

（八）植株调整

黄瓜植株有 5 片真叶时立架吊蔓，7～8 节以下不留瓜，促使植株生长健壮。用尼龙绳或塑料绳吊蔓，呈"S"形绑蔓，使龙头离地面始终保持 1.5～1.7 米。绑蔓时将卷须、雄花及下部的侧枝去掉；深冬季节，对瓜码密、易坐瓜的品种，可适当疏掉部分幼瓜或雌花。黄瓜生长期长，应及时摘除侧枝，不摘心任其生长，待生长点接近屋面时进行落蔓。在落蔓前打掉底部的老叶、黄叶和病叶，以利于通风透光，减少病害发生。黄瓜生长期内，一般每株保留功能叶 12～15 片。

（九）主要病虫害及防治

日光温室栽培黄瓜主要病害有霜霉病、枯萎病、白粉病、疫病、炭疽病、黑星病、细菌性角斑病、病毒病等；主要害虫有蚜虫、白粉虱、美洲斑潜蝇等。病虫害综合防治方法有以下几种。

1. 农业防治　①根据当地主要病虫控制对象及地块连茬种植情况，有针对性地选用高抗、多抗品种。②采取嫁接育苗，培育适龄壮苗，提高抗逆性；通过通风、覆盖、辅助加温等措施，控制各生育期温湿度，避免病害发生；增施充分腐熟有机肥，减少化肥用量；清洁田园（棚室），降低病虫基数；及时摘除病叶、病果并集中销毁。

2. 物理防治　①通风口处增设防虫网，以40目防虫网为宜。②棚内悬挂黄色诱虫板诱杀白粉虱、蚜虫、美洲斑潜蝇等对黄色有趋向性的害虫，每亩放置 30～40 块。

3. 药剂防治

（1）**枯萎病**　主要危害根和茎，受害根系呈褐色腐朽，茎部皮层有时呈纵裂状。潮湿时产生粉红色霉，病部维管不变褐色，全株萎蔫枯死。土壤病菌从根部伤口侵入，连作地、氮肥过多或排水不良的地块发病严重。防治方法：实行轮作，选用无病种子，用无病土育苗，合理浇水施肥，拔除病株并在病穴内及周围撒石灰，与黑籽南瓜砧木嫁接。发病初期，可用 50% 多菌灵可湿性粉剂 800 倍液，或 70% 甲基硫菌灵 1 000 倍液灌根防治，每株灌药液 0.25 千克。

（2）**霜霉病**　叶片上发生多角形黄色至褐色病斑，叶背面产生紫色霉，由植株下部向上发展，严重时全株叶片枯黄。病原孢子借风雨传播。防治方法：选用抗病品种，加强栽培管理，在提高棚室温度的同时降低湿度，缩短夜间结露时间。发病初期，可用 25% 嘧菌酯悬浮剂 1 500 倍液，或 72% 霜脲·锰锌可湿性粉剂 600～800 倍液喷雾防治。

（3）**疫病**　叶、茎、果均可受害，发病植株茎基部皮层软化腐烂，整株萎蔫青枯。瓜受害，呈暗绿色凹陷软腐，表面长出稀疏白霉。病菌随病残株在土中越冬，生长期借溅起的雨水及地面流水传播，高温、高湿、多雨或暴风雨后流行。防治方法：轮作、高畦栽培，地膜覆盖栽培，防涝排水、拔除病株。发病初期，可用 25% 嘧菌酯悬浮剂 1 000～1 500 倍液喷雾防治。

（4）**白粉病**　发病初期在叶片上生圆形粉斑，并迅速扩展，重病时整个叶片布满白粉，后期叶片变黄干枯。病菌在病残体上越冬，借气流传播。植株生长不良，光照不足或干燥时病情发展迅速。防治方法：用 25% 三唑酮可湿性粉剂 1 500 倍液喷雾防治。

（5）**炭疽病**　叶片受害发生黄褐色圆形病斑，边缘明显，外缘淡黄色，易破裂，高温高湿时病斑上产生粉红色糊状物，茎、果受害不严重。病菌随病残株在土中越冬，种子带菌引起子叶发病。病菌借雨水（或大棚内滴水）传播，阴雨天气、暴风雨及高温高湿时易发病。防治方法：用无病瓜留种或进行种子消毒，用无病土育苗。注意通风排湿和防涝排水，采用高畦地膜覆盖栽培。可用25%嘧菌酯悬浮剂1 000～1 500倍液喷雾防治。

（6）**灰霉病**　发病初期用50%腐霉利可湿性粉剂1 000～1 500倍液，或50%异菌脲可湿性粉剂1 000倍液喷雾防治。

（7）**蔓枯病**　发病初期用75%百菌清可湿性粉剂600倍液，或70%甲基硫菌灵可湿性粉剂800倍液喷雾防治。

（8）**害虫**　黄瓜虫害主要有蚜虫和白粉虱，主要危害叶片，受害叶片卷缩，严重时整个叶片卷曲直至整株萎蔫死亡。老叶受害不卷曲，但提前干枯死亡。防治方法：蚜虫用50%抗蚜威可湿性粉剂2 000倍液喷雾防治，白粉虱用25%噻嗪酮可湿性粉剂2 500倍液喷雾防治。

（十）主要生理障碍及防控

1. 化瓜　黄瓜开花后、瓜长8～10厘米时，瓜条不再伸长和膨大，初期瓜前端逐渐萎蔫、变黄，后整条瓜逐渐干枯。主要原因是栽培管理措施不当，肥水供应不足，结瓜过多，采收不及时，植株长势差，光照不足，温度过低或过高等。生产中应采取相应措施进行预防。

2. 苦味瓜　是因为果实中苦味物质葫芦素所致。造成苦味瓜的主要原因是偏施氮肥、浇水不足等，持续低温、光照过弱、土壤质地差等环境条件不适也可造成苦味瓜的形成。生产中应采取相应措施进行预防。

3. 畸形瓜　主要症状有蜂腰瓜、尖嘴瓜、大肚瓜、弯瓜、僵瓜等，形成原因主要是栽培管理措施不当，如肥水不足造成植株长势弱；乙烯利处理不恰当，温度过高、过低造成授粉受精不良，高温干旱、空气干燥等，均可形成畸形瓜。另外，土壤缺硼、缺钾时也可形成畸形瓜。生产中应采取相应措施进行预防。

4. 低温危害　黄瓜耐低温能力较弱，连续低温会引发出多种生理障碍。播种时地温过低，种子发芽和出苗延迟造成黄弱苗、沤籽或发生猝倒病、根腐病等。有些出土幼苗子叶边缘出现白边，叶片变黄，根系不生长；10厘米地温长时间低于12℃，根尖变黄或出现沤根、烂根现象，地上部开始变黄。定植后发生寒害或冻害后，出现叶色深绿，叶缘微外卷，大叶脉间出现黄白色斑，冻害加重后扩大连片，或植株发根缓慢或不发根或花芽不分化，整个植株生长瘦弱，出现花打顶，甚至叶片枯死至全株枯死。预防方法：①选用发芽快、出苗迅速、幼苗生长快的耐低温品种。②把浸泡后发芽快的种子置于0℃条件下冷冻24～36小时后播种，可增强抗寒力。③避开寒冷时段育苗和定植，采取生火炉或铺电热线等加温措施。④施用酵素菌沤制的堆肥或充分腐熟的有机肥。⑤在寒流侵袭之前喷植物抗寒剂，可用10%宝力丰抗冷冻素400倍液，或3.4%碧护可湿性粉剂7500倍液，或红糖50克兑水50升＋0.3%磷酸二氢钾喷施。⑥如气温过低已发生冻害，要采用缓慢升温措施，如久阴晴天后必须用草苫遮光，使黄瓜的生理功能慢慢恢复，切记不可操之过急。

二、设施西葫芦水肥一体化栽培

（一）西葫芦的需水特性

西葫芦又称菜瓜，原产于热带干旱地区。西葫芦根系发达，侧根数多，生长快，吸收能力强，表现为耐旱力强。西葫芦根系主要分布在耕层土壤中，由于一般耕作层较浅，蓄水蓄肥能力有限，往往容易干燥、脱肥；而且西葫芦茎叶繁茂，叶片大而多，蒸腾作用强，耗水量大。因此，生产中需要加强灌溉，保持适宜的土壤含水量，方能获得高产。

西葫芦不同生长时期需水量不同，幼苗期应保持土壤湿润；开花期要降低空气湿度，防止授粉不良造成落花落果；结果期果实生长旺盛，需水较多，应适当多浇水，保持土壤湿润。适宜的土壤相对含水量为50%～60%，水分过多会引起地上部生理失调，特别是在幼苗期水分过多营养生长过盛，易引起徒长，推迟结瓜；开花期水分过多也会因营养生长过盛而造成化瓜；盛瓜期耗水量大，若缺水也会导致化瓜或形成尖嘴瓜。

西葫芦要求较干燥的空气条件，温室栽培时必须通过减少地面水分蒸发和通风来调节空气湿度，适宜的空气相对湿度为45%～55%。高温、干旱条件下易发生病毒病，高温、高湿条件下易发生白粉病。在日光温室内种植西葫芦要特别注意控制温度和湿度，防止病毒病、白粉病等病害的发生和蔓延。

（二）西葫芦的需肥特性

西葫芦根系发达，直播栽培主根入土深达2米以上，育苗移栽主根入土深达1米以上，根系横向扩展范围2米左右。侧根的分枝能力也很强，大部分侧根分布在30厘米深的耕作层内。西葫芦抗旱、抗瘠薄能力强，对土壤要求不严格，在黏土、壤土、沙壤土均可栽培。但因其根群发达，宜选用土层深厚、肥沃疏松的沙壤土，以利根系在低温条件下保持较强的生长势和吸收能力，提早收获和延长结果期。适宜的土壤pH值为5.5～6.8。

西葫芦不同生育期对肥料种类、养分比例需求有所不同。前期植株生长缓慢，对养分吸收量较少，出苗后到开花结瓜前需供给充足氮肥，促进植株生长，为果实生长奠定基础。生育期的前1/3阶段对氮、磷、钾、钙的吸收量少，植株生长缓慢；中间的1/3的阶段是果实生长旺盛期，随生长量的剧增对氮、磷、钾的吸收量也猛增，此期增施氮、磷、钾肥有利于提高植株连续结果能力；最后的1/3阶段生长量和吸收量增加更显著。因此，西葫芦栽培施缓效基肥、后期及时追肥，对高产优质更为重要。

西葫芦对厩肥和堆肥的反应良好，生产中增施优质有机肥和三元复合肥，适当控制氮肥用量，有利于平衡营养生长和生殖生长，提高产量。若氮肥用量过大，容易引起茎叶徒长，导致落花落瓜和病害发生。

西葫芦吸肥能力强，对矿质养分的吸收，以钾最多，氮次之，其次为钙，磷最少。每生产1 000千克西葫芦果实，需要吸收纯氮3.92～5.47千克、磷2.13～2.22千克、钾4.09～7.29千克、钙3.2千克、镁0.6千克，除钾的需要量低于黄瓜外，对氮、磷、钙的需要量均高于黄瓜。

（三）日光温室西葫芦水肥一体化栽培技术

1. 品种选择 冬季日光温室的环境特点是低温、弱光、通风不良、湿度大，因此日光温室越冬茬西葫芦宜选用抗病、耐低温弱光、抗逆性强、优质丰产商品性好的品种，如早青一代、中葫三号、冬玉西葫芦、寒玉西葫芦等。

2. 茬口安排 华北地区一般选择越冬茬栽培，10月上旬至10月中旬播种育苗，10月下旬至11月上旬定植，11月下旬开始采摘，翌年5月下旬拉秧结束。

3. 育苗技术

（1）种子处理

①晒种 播种前进行种子精选，选择有光泽、籽粒饱满、无病斑、无虫伤、无霉变的新种子，将选好的种子摊在簸箕内晒1～2天，以提高发芽率、发芽势，加速发芽和出苗，同时兼有杀菌消毒作用。若用陈种子播种，播前晒种尤为主要。

②种子消毒 用10%磷酸钠溶液浸种20分钟，或用50%多菌灵可湿性粉剂500倍液浸种30分钟，然后用清水冲洗干净，再用温水浸种催芽。

③浸种催芽 每亩需种子400～500克。在容器中放入50～55℃的温水，将种子投入水中后不断搅拌，待水温降至30℃时停止搅拌，浸种3～4小时。然后将种子从水中取出，摊开晾10分钟，再用洁净湿布包好，置于28～30℃条件下催芽，经1～2

天、70% 左右的种子发芽时即可播种。

（2）**播种**　在日光温室内建造宽 1.2 米、深 10 厘米的平畦苗床。可用肥沃大田土 6 份、腐熟农家肥 4 份混合过筛，每立方米营养土加腐熟捣细的鸡粪 15 千克、过磷酸钙 2 千克、草木灰 10 千克，或三元复合肥 3 千克，再加 50% 多菌灵可湿性粉剂 80 克，充分混合均匀。也可购买商品基质。将营养土装入营养钵或纸袋中，营养钵密排在苗床上。播前浇足底水，将种子点播于营养钵内，播后覆 1.5～2 厘米厚的干细土，然后苗畦覆盖地膜并插拱盖薄膜。

（3）**育苗期管理**

①温度管理　育苗期白天温度保持 25～28℃、夜间 15～20℃，阴天温度适当低些。

②光照管理　光照较强时，应覆盖遮阳网进行遮阴处理并对叶片喷水降温。幼苗出土后尽可能提供充足的光照条件，防止光照不足引起徒长。

③水分管理　出苗期间保持床土湿润，以后视墒情适当浇水。

④炼苗　定植前 1 周不浇水，加强通风，进行低温炼苗，以利于缩短缓苗期。幼苗 3 叶 1 心、株高 12～15 厘米时即可定植。

4. 定　植

（1）**整地起垄**　定植前 10～15 天，日光温室内浇水造墒，深翻耙细，整平。结合整地，每亩施腐熟优质圈肥 5～6 米³、鸡粪 2 000～3 000 千克，耕翻 25 厘米深。起垄前每亩施磷酸氢二铵 50 千克、腐熟的饼肥 150 千克，将肥料均匀撒于垄底，然后起垄。起垄方式有 2 种：一是大小行种植，大行距 80 厘米，小行距 50 厘米，株距 45～50 厘米，每亩栽植 2 000～2 300 株。二是等行距种植，行距 60 厘米，株距 50 厘米，每亩栽植 2 200 株左右。按种植行距起垄，垄高 15～20 厘米。

（2）**定植方法**　选择晴天上午，在垄中间按株距要求开沟或开穴，先放苗并埋入少量土固定，然后浇透水，水渗下后覆土盖地膜。

5. 定植后的管理

（1）**缓苗期管理** 缓苗阶段不通风，密闭温室以提高温度，促使早缓苗。白天室温保持 25～30℃、夜间 18～20℃，晴天中午室温超过 30℃时可利用顶窗少量通风。缓苗后适当降低室温，白天室温保持 20～25℃、夜间 12～15℃。同时，适当控制浇水，并多次中耕，进行蹲苗，促进植株根系发育，以利于雌花分化和早坐瓜。

（2）**生长期管理**

①温度管理 坐瓜后，白天温度保持 22～28℃、夜间 15～18℃，最低温度 10℃以上。深冬季节，白天要充分利用阳光增温，保持较高的温度，实行高温养瓜；夜间增加覆盖保温。2 月中旬以后，随着温度的升高和光照强度的增加，注意通风降温，一般室温不可高于 30℃。

②光照管理 保持棚膜表面清洁，白天及时揭开保温覆盖物，温室后墙张挂反光幕，增加光照强度和时间。连续阴天时，可于午前揭开覆盖物，午后早盖；大雪天，可在清扫积雪后于中午短时揭开覆盖物；久阴乍晴时，应间隔揭覆盖物，不能猛然全部揭开，以免叶面灼伤。

③吊蔓 在植株长有 8 片叶以上时进行吊蔓绑蔓，注意使植株龙头高矮一致，互不遮光。吊蔓绑蔓的同时摘除侧芽。

④落蔓 瓜蔓高达 1.5 米以上时及时落蔓，并摘除下部的老叶、黄叶、病叶，摘老叶、黄叶时要留 10 厘米左右的叶柄，以防主茎受伤或受病菌侵染。

⑤保果 西葫芦无单性结实习性，必须进行人工授粉或用防落素等植物生长调节剂处理才能保证坐瓜。方法是在上午 9～10 时，摘取当日开放的雄花并去掉花冠，然后在雌花柱头上轻轻涂抹。也可用 30～40 毫克／千克防落素溶液涂抹初开的雌花花柄。

⑥二氧化碳施肥 冬春季节温室通风少，若有机肥施用不

足，易发生二氧化碳亏缺，可进行二氧化碳施肥，使室内二氧化碳浓度达到 1 000 微升 / 升左右。

6. 水肥一体化管理 根据西葫芦需肥特性及目标产量（每亩产量 5 000 千克），制定出配套施肥方案（表 5-2）。追肥以滴灌施肥为主，肥料应先在容器溶解后再放入施肥罐。

表 5-2　日光温室西葫芦滴灌施肥方案

生育时期	灌溉次数	灌水定额（米³/亩·次）	每次灌溉加入的纯养分量（千克/亩）			备注
			氮	磷	钾	
定植前	1	20	10	5	0	沟灌
定植至开花前	2	10	0	0	0	滴灌
	2	10	0.8	1	0.8	滴灌
开花至坐果前	1	12	0	0	0	滴灌
坐果至采收	4	12	1.5	1	1.5	滴灌
	8	15	1	0	1.5	滴灌
合　计	18	240	25.6	11	19.6	

日光温室西葫芦水肥一体化管理要点如下。

①定植至开花期滴灌 4 次，平均每 10 天 1 次。前 2 次滴灌不施肥，以防生长植株过旺，用水量为 10 米³/亩。后 2 次滴灌，每次施肥量为工业级磷酸一铵 1.6 千克 / 亩、尿素 1.3 千克 / 亩、硫酸钾 2 千克 / 亩，用水量为 10 米³/亩。

②开花至坐果期只灌水 1 次，不施肥，用水量为 12 米³/亩。

③坐果至采收期。西葫芦坐瓜后 10～15 天开始采收，果实采收前期，一般每隔 7～8 天进行 1 次滴灌施肥，每次施肥量为工业级磷酸铵 1.6 千克 / 亩、尿素 2.8 千克 / 亩、硫酸钾 3 千克 / 亩，用水量为 12 米³/亩左右。中后期每隔 6～7 天进行 1 次滴灌施肥，每次施肥量为尿素 2.2 千克 / 亩、硫酸钾 3 千克 / 亩，用水量为 15 米³/亩。

7. 主要病虫害防治　日光温室西葫芦主要病害有猝倒病、白粉病、灰霉病、疫病等，主要害虫有蚜虫、白粉虱、红蜘蛛、斑潜蝇等。

（1）**猝倒病**　发病初期用64%噁霜·锰锌可湿性粉剂500～600倍液，或72.2%霜霉威水剂5000倍液，或15%噁霉灵水剂450倍液喷施防治。

（2）**白粉病**　发病初期用25%三唑酮可湿性粉剂2500～3000倍液，或40%氟硅唑乳油8000～10000倍液，或15%嘧菌酯悬浮剂2000～3000倍液，或4%嘧啶核苷类抗菌素水剂600～800倍液喷施防治。

（3）**灰霉病**　发病初期用40%甲基嘧菌胺悬浮剂1200倍液，或65%硫菌·乙霉威可湿性粉剂1000～1500倍液，或50%腐霉利可湿性粉剂1000～2000倍液喷施防治。

（4）**疫病**　发病初期用58%甲霜·锰锌可湿性粉剂750～1500倍液，或90%三乙膦酸铝可湿性粉剂500～600倍液，或20%噻菌铜悬浮剂400～600倍液，或100万单位新植霉素可溶性粉剂2000～3000倍液喷施防治。

（5）**蚜虫**　在蚜虫始盛期用10%吡虫啉可湿性粉剂2000～3000倍液，或3%啶虫脒乳油1500～2000倍液，或0.3%印楝素乳油1000～1500倍液喷施防治。

（6）**白粉虱、红蜘蛛、斑潜蝇**　在危害初期用10%联苯菊酯乳油4000～8000倍液，或1.8%阿维菌素乳油3000～4000倍液，或20%氰戊菊酯乳油1500～2500倍液，或0.3%印楝素乳油1000～1500倍液喷施防治。

8. 采收　根据当地市场消费习惯及品种特性，及时分批采收，根瓜应适当提早采摘，防止坠秧。采收所用工具要保持清洁、卫生、无污染。

三、设施西瓜水肥一体化栽培

（一）西瓜的需水特性

西瓜根系发达，主根入土深 1.5～2 米；西瓜叶片有较多的裂刻并被茸毛，可以减少水分的蒸腾，因而西瓜具有较强的耐旱能力。但是，西瓜根系不耐涝，土壤含水量过高会造成根系缺氧而导致全株窒息死亡。

据测定，每株西瓜全生育期要消耗水 1 000 升左右。伸蔓期缺水，迟迟不发棵，生育期延长；开花期干旱，影响花粉萌发，易造成授粉不良，导致化瓜；营养生长旺盛期和果实膨大期是西瓜对水分要求的"临界期"，此期水分不足，将严重抑制植株生长和果实膨大，降低产量。西瓜植株发育适宜的土壤相对含水量为 60%～80%，不同生育期有所不同，幼苗期土壤相对含水量为 60% 左右，伸蔓期至开花期为 60%～70%，果实膨大期为 70%～80%，果实成熟期应控制或停止浇水。

西瓜生长要求空气干燥，适宜的空气相对湿度为 50%～60%。空气湿度过大茎蔓瘦弱、坐瓜率低、果实品质差、病害发生率高，空气湿度过低会影响营养生长和授粉受精。

（二）西瓜的需肥特性

西瓜对土壤要求不严格，但以沙壤土最为适宜，土壤 pH 值以 5～7 为好，能耐受轻度盐碱。

西瓜全生育期对氮、磷、钾的吸收量，以钾最多，氮次之，磷较少。西瓜不同生育期对氮、磷、钾的总吸收量差异较大，发芽期和幼苗期对肥料的吸收量很少，仅占氮、磷、钾吸收总量的 0.51%；伸蔓期对肥料的吸收量逐渐增加，占氮、磷、钾吸收总量的 18%；坐瓜以后对肥料的吸收量迅速增加，占氮、磷、钾吸收总量的 81.49%。西瓜不同生育期对氮、磷、钾各要素的吸收量也不同，伸蔓期以前，吸收氮素最多，钾次之；坐瓜以后，钾肥的吸收量最多，氮次之。每生产出 1 000 千克西瓜产品，需氮 2.25 千克、磷 0.9 千克、钾 3.38 千克。

氮肥能够促进西瓜茎叶生长，磷肥有利于西瓜秧苗的根系发育及果实含糖量的增加，钾肥对改善西瓜体内氮、磷、钾养分的平衡有良好的作用，并可促进西瓜对氮的吸收，还可促使合成数量较多的糖。西瓜对硼、锌、钼、锰、钴等微量元素的反应较敏感，对钙、镁、铁、铜也有一定要求。西瓜为忌氯作物，故不能施用氯化钾和氯化铵等肥料，否则会降低品质。

（三）设施西瓜水肥一体化栽培技术

1. 品种选择 设施西瓜栽培应选用耐低温、耐弱光、结瓜性好的中早熟品种，如特小凤、风光、小龙女、小霸王、黑美人、那比特、小玉、早春红玉、万福来、京秀、小天使等，还可选用小兰、京阑、黄小玉、金玉玲珑等黄肉小型西瓜品种。

2. 茬口安排 春提早栽培，山东等地一般 1 月中下旬播种育苗，苗龄 35～40 天，3 月上旬定植于温室内，5 月初上市；秋延后栽培，一般 7 月下旬播种，苗龄 20 天左右，9 月上旬加盖棚膜，9 月下旬加盖保温草苫，10 月份前后上市；冬春栽培，10 月上旬播种，元旦开始采收，春节后将瓜收完。现重点介绍山东省小型西瓜冬春茬吊蔓栽培技术。

3. 嫁接育苗

（1）营养土配制 营养土最好以 10 年以上未种过西瓜的优质田园土和充分腐熟的细粪干组成，二者各占 50%，另加少量压细的磷酸氢二铵。如果田园土为黏质壤土，应加入占总量 1/3 左右的炉渣灰。用配制好的营养土铺成 10 厘米厚的苗床。

（2）嫁接方法 日光温室西瓜嫁接育苗，一般选用菜葫芦、瓠瓜作砧木，选择无风晴暖的天气进行嫁接。嫁接前 1～2 小时，砧木和接穗充分浇水，并准备好竹签、刀片、嫁接夹、营养钵等。营养钵直径8厘米、高10厘米，内装9厘米厚的营养土。

①靠接　接穗应比砧木提前播种5～7天。砧木和西瓜种均采用温汤浸种催芽，分别播在苗床上，床土要疏松，株距应稍大，以防提苗时伤苗。西瓜播后10～12天、第一片真叶展开，砧木播种后3～5天、2片子叶展开时进行嫁接。先从苗床中起出砧木和西瓜幼苗，尽量少伤根，用经酒精消毒的竹签或刀片去除砧木生长点和真叶，在胚轴上部距子叶约1.5厘米处向下呈30°角，切一个深度约为茎粗3/5的斜上切口，把砧木与接穗的切口靠在一起，使西瓜叶片在上、砧木叶片在下，4片叶交叉呈"十"字形，用嫁接夹固定，立即栽到营养钵并摆入苗床。栽苗时注意把2株苗的根部分开，并使西瓜根朝一个方向，以便西瓜断根。栽后及时浇水，插竹拱，覆盖薄膜，以提温保湿，促进伤口愈合。

②插接　砧木早播2～3天或同期播种。一般在西瓜播后7～8天、2片子叶展开，砧木第一片真叶展开时进行嫁接。先用经消毒的竹签去掉砧木生长点、腋芽和真叶，用竹签从一侧叶片基部向下穿刺0.5～0.8厘米，不要刺透胚茎的外表皮。然后将西瓜苗从苗床起出，用刀片自子叶下部1～1.5厘米处向下削成斜面，将其斜面向下插入砧木中，用嫁接夹固定，栽入苗床。

（3）嫁接后管理

①温度管理　嫁接愈合的适宜温度为28℃左右，幼苗嫁接后应立即栽入小拱棚中，嫁接苗排满后及时将薄膜四周压严，以保温保湿。嫁接的后1～3天内，苗床温度白天保持23～30℃、夜间18～20℃；4～6天后开始通风，适当降温，白天苗床温度保持22～28℃、夜间15～18℃；10天后，白天苗床温度保持23～25℃、夜间10～12℃。

②湿度管理　嫁接后苗床内应保持适宜的湿度，防止接穗失水引起凋萎，影响成活率。嫁接3～5天后，拱棚内湿度不宜过

高，空气相对温度保持 85%～95%，以防烂苗。

③光照管理　初期为防止苗床内温度过高和保持苗床湿度，应在小拱棚外面覆盖稀疏草苫及遮阳网进行遮阴，以免阳光直接照射而导致幼苗凋萎；插接苗床更要注意遮阴防晒。在温度偏低时，应多见光，促进伤口愈合，一般嫁接后 2～3 天，可在早晚揭覆盖物，接受散射光，中午前应覆盖遮阴，7 天之后可不再遮阴。

④通风管理　嫁接后 3～5 天，嫁接苗开始生长时应进行通风，初期通风量要小，以后逐渐增加，8～10 天进行大通风，降温炼苗。如发现幼苗有萎蔫现象，应停止通风，遮阴喷水。嫁接 15 天后，嫁接苗成活，应及时切去西瓜根，去掉嫁接夹。嫁接苗 4 叶 1 心时即可定植。

4. 定　植

（1）整地施基肥　每亩施优质有机肥 5 000 千克、饼肥 50 千克、磷酸氢二铵 50 千克、硫酸钾 15～20 千克。定植前 15 天整地做畦进行造墒，按小行距 50 厘米、大行距 90 厘米，开 15 厘米深沟施肥，沟上起垄成高畦，垄高 15～20 厘米，畦面做好后覆地膜，准备定植。

（2）定植密度与方法　选择晴天下午或多云天气进行定植。垄上定植 2 行西瓜，小行距 50 厘米，大行距 90 厘米，株距 50 厘米，每亩栽植 1 800 株左右。用滴灌浇透定植水，以利于缓苗。

5. 定植后管理

（1）温度管理　定植后结瓜前以蹲苗为主，白天温度保持 23～27℃、夜间 13～15℃。11 月中旬以后天气逐渐转冷，要注意保温，白天温度保持 25～30℃、夜间 14～17℃。

（2）吊蔓　定植后沿垄顺行吊架铁丝（一般用 14 号铁丝），铁丝距离地面 2 米高为宜。在顺行吊架铁丝上，按本行中的株距挂上垂至近地面的尼龙绳作吊绳。吊绳的下端拴固在主蔓第二或第三节叶片的基部，绳扣不要太紧，以免妨碍瓜秧生长。人工引蔓上吊架时，将西瓜蔓轻轻松绑于吊蔓绳上即可。吊蔓的好处：通过移动套拴于东西向拉紧吊架钢丝上的吊架铁丝相邻之间的距离，来调节吊架茎蔓的行距大小，也可通过移动吊架铁丝上的吊绳相邻之间的距离，来调节吊蔓株距大小，如此可使茎叶分布均匀，充分利用空间，改善行株间透光条件。

（3）**整枝**　采用双蔓整枝。缓苗后有6片真叶时及时摘心，促使侧蔓萌发。每株保留2个健壮侧蔓，一个作为结瓜枝，一个作为辅养枝，2个侧蔓达到50厘米左右时要进行吊蔓，其余侧蔓要全部摘除。在结瓜枝上14～16节留瓜，第一个瓜往往是畸形瓜，一般不留。当所留的瓜坐住后，辅养枝要及时摘心去头，结瓜枝在结瓜节10片叶后也要摘心去头，以确保营养供应瓜的生长。当瓜蔓旺长、有化瓜现象出现时，可在雌花现蕾后、未开放前用手轻轻捏瓜蔓的生长点下部（注意不要用力过大以防折断瓜蔓）损伤部分维管束，以捏出水为宜，促使养分回流。

（4）**人工授粉**　西瓜是雌雄同株异花作物，在保护地内进行越冬栽培时花粉流动性差，单性结瓜能力弱，必须进行人工授粉，授粉后做好标记。人工授粉常用花粉涂抹法，在雌花开放的当天或第二天的上午9时后、露水干时，摘下雄花，去掉雄花的花萼，把花药均匀涂抹在雌花的柱头上。涂抹花药时动作要轻，并注意涂抹均匀，以防形成畸形瓜。

（5）**留瓜与吊瓜**　每株授粉雌花要有3个以上，在瓜坐住后选留其中瓜型最正的1个，其余西瓜则要及时疏除，以防浪费营养。授粉后挂牌标明坐瓜日期，当瓜长至1千克左右时用网袋将瓜吊起，以防坠秧。

（6）**遇灾害性天气管理**　灾害性天气即在外界环境条件下出现的对秋冬季日光温室生产造成危害的连续阴雨、低温、大风、大雪等天气。连续阴天时，首先要加强保温，加盖草苫或防雨保温膜，减少棚室内温度的消耗。在棚室内气温降至8℃以下时，要考虑临时加温。阴雨雪天，不能只为保温，连续盖苫4～5天，这样对西瓜生长发育极为不利，会因光饥饿死苗。阴天要揭苫，雨雪天气要尽量揭苫，可隔一块揭一块，以便进入少量散射光，有条件的可在棚室内吊灯泡补光。

6. 水肥一体化管理

①第一次灌水在定植时进行，每亩用水量为 $12\sim18$ 米^3。

②苗期根据土壤墒情适时滴灌施肥 1 次，每亩用水量为 $6\sim8$ 米^3，同时施尿素 2 千克、磷酸二氢钾 1 千克、硫酸钾 0.5 千克。

③抽蔓期滴灌施肥 1 次，每亩施用尿素 4 千克、磷酸二氢钾 2 千克和硫酸钾 5 千克，每亩灌水 $10\sim12$ 米^3。

④果实膨大期，滴灌施肥 2 次，每次每亩施尿素 1.5 千克、磷酸二氢钾 1 千克和硫酸钾 $4\sim6$ 千克，每次每亩灌水 $12\sim16$ 米^3。同时，叶面喷施 0.4% 磷酸二氢钾溶液 $2\sim3$ 次。果实膨大期需水量增加，一般要灌水 $2\sim3$ 次。结果后期停止浇水，以防积累的糖分少，影响西瓜品质。

7. 主要病虫害防治　设施西瓜主要病害有枯萎病、白粉病、炭疽病、疫病等，主要害虫有蚜虫、白粉虱、红蜘蛛、斑潜蝇等。

（1）**枯萎病**　定植后 $3\sim4$ 片真叶时用 15% 西瓜重茬剂一号 $300\sim350$ 倍液灌根，每次用药液 0.5 千克。发病初期用 10% 混合氨基酸铜水剂 $300\sim500$ 倍喷施防治。

（2）**白粉病**　发病初期用 20% 三唑酮乳油 2 000 倍液，或 45% 硫黄悬浮剂 $500\sim800$ 倍液，或 50% 多菌灵可湿性粉剂 $500\sim800$ 倍液喷施防治，每 $5\sim7$ 天喷 1 次，连续 $2\sim3$ 次。

（3）**炭疽病**　根据发病时期，提前 $3\sim5$ 天开始喷药防治。可用 65% 代森锌可湿性粉剂 $500\sim600$ 倍液，或 25% 嘧菌酯可湿性粉剂 $1\,000\sim1\,500$ 倍液，或 $500\sim800$ 倍铜皂液（硫酸铜 1 份，肥皂 $4\sim6$ 份，水 $500\sim800$ 份）喷施防治，每隔 $7\sim10$ 天喷洒 1 次，连喷 3 次。

（4）**疫病**　发病初期摘病叶、病蔓，及时喷药。可用 58%

甲霜·锰锌可湿性粉剂 750～1 500 倍液，或 90% 三乙膦酸铝可湿性粉剂 500 倍液，或 20% 噻菌铜悬浮剂 400～600 倍液，或 100 万单位新植霉素可溶性粉剂 2 000～3 000 倍液喷施防治。

（5）**蚜虫**　在蚜虫始盛期用 10% 吡虫啉可湿性粉剂 2 000～3 000 倍液，或 3% 啶虫脒乳油 1 500～2 000 倍液，或 0.3% 印楝素乳油 1 000～1 500 倍液喷施防治。

（6）**白粉虱、红蜘蛛、斑潜蝇**　在危害初期用 10% 联苯菊酯乳油 4 000～8 000 倍液，或 1.8% 阿维菌素乳油 3 000～4 000 倍液，或 20% 氰戊菊酯乳油 1 500～2 500 倍液，或 0.3% 印楝素乳油 1 000～1 500 倍液喷施防治。

8. 采收　适时采收是保证西瓜优质的关键环节，早收或迟收都会影响其品质。根据品种特性、授粉日期确定西瓜成熟与否，并适时采收。一般坐瓜后 45～50 天基本成熟。成熟适度的西瓜糖多、味甜、品质好，收获过早（欠熟）或过晚（过熟）的西瓜品质不佳。

判断西瓜是否成熟的方法：一是在授粉后做标记，根据果实发育天数来计算。二是看卷须和果实的变化，果实附近几节的卷须枯萎，果柄茸毛大部分消失，瓜把向里凹陷，瓜面花纹清晰，瓜粉褪去，瓜皮光滑发亮，是成熟的标志。三是听音。西瓜成熟后用手指弹果实时，会发出低哑的浊音。四是凭感觉，一手托瓜，一手轻拍上部，手心感到颤动即为熟瓜。实际操作时，应根据品种特性结合上述方法，综合判断西瓜成熟度。

四、设施厚皮甜瓜水肥一体化栽培

（一）厚皮甜瓜的需水特性

甜瓜生长快，生长量大，茎叶繁茂，蒸腾作用强，一生中需消耗大量水分。据测定，1 株 3 片真叶的甜瓜幼苗每天耗水 170

毫升，开花坐瓜期每株每昼夜耗水达250毫升。故生产中应保持土壤有充足的水分。

甜瓜不同生育期对土壤水分的要求不同，幼苗期需水少，伸蔓期至开花和结瓜前中期需水较多，结瓜后期减少。幼苗期土壤相对含水量应保持65%，伸蔓期保持70%，果实膨大期保持80%，结瓜后期保持55%～60%。幼苗期和伸蔓期土壤水分适宜，有利于根系和茎叶生长；雌花开放前后，土壤水分不足或空气干燥均易使子房发育不良，水分过多会导致植株徒长易化瓜；果实膨大期对水分需求敏感，前期水分不足会影响果实膨大，易导致产量降低且易出现畸形瓜，后期水分过多则会使果实含糖量降低且易出现裂瓜。

甜瓜对水分的需求因温度而异。温度低，特别是地温低时，根系吸水力弱，植株蒸腾作用差，甜瓜需水量减少。所以，设施甜瓜深冬栽培浇水不能太多，否则不仅会影响根系的生命活动，还会出现沤根等不良后果。

甜瓜生长发育较适宜的空气相对湿度为50%～60%，故空气干燥地区栽培的甜瓜甜度高、香味浓；空气潮湿地区栽培的甜瓜水分多、味淡品质差。空气湿度过高不仅影响甜瓜生长发育，更易诱发各种病害，高温高湿条件下危害更重。甜瓜在开花坐瓜前能适应较高的空气湿度，但坐瓜后对高湿环境的适应性减弱。因此，设施栽培甜瓜应采取地膜覆盖、设施覆盖长寿无滴膜、严格控制浇水次数和浇水量、浇水后及时通风散湿、浇水前喷药防病等措施，避免由于湿度偏高而发生霜霉病、疫病、茎腐病等病害。

（二）厚皮甜瓜的需肥特性

甜瓜根系发达，主根深达1米以上，侧根分布直径2～3米，多数分布在30厘米深的耕作层内。甜瓜根吸收力强，对土壤要求不高，在沙壤土、壤土、黏土上均可种植，但以疏松、土层厚、土质肥沃、通气良好的沙壤土为最好。沙壤土早春地温回升快，有利于甜瓜幼苗生长，果实成熟早，品质好，沙壤土宜作早熟栽培。黏性土壤一般肥力好，保水、保肥能力强，黏性土壤因早春地温回升慢，宜作晚熟栽培。

甜瓜栽培适宜的土壤 pH 值为 6～7，土壤过酸、过碱均需进行改良。酸性土壤容易影响钙的吸收而使叶片发黄。甜瓜的耐盐能力较强，土壤中总盐量超过 0.114% 时能正常生长，可利用这一特性在轻度盐碱地上种植甜瓜，但在含氯离子较高的盐碱地上生长不良。甜瓜比较耐瘠薄，但增施有机肥，肥料合理配比，可以实现高产优质。

甜瓜植株需钾和钙较多，按吸收养分排列为钾＞氮＞钙＞磷＞镁，钙取代磷，位序排在第三，因此认为钾和钙对甜瓜产量影响很大。每生产 1 000 千克甜瓜果实需吸收氮 2.5～3.75 千克、磷 1.3～1.7 千克、钾 4.4～6.8 千克、钙 4.95 千克、镁 1.05 千克。供氮充足时，叶色浓绿，生长旺盛；氮不足时叶片发黄，植株瘦小。但生长前期氮素过多，易导致植株徒长；结瓜后期植株吸收氮素过多，则会延迟果实成熟，且果实含糖量低。缺磷会使植株叶片老化，植株早衰。钾有利于植株进行光合作用及原生质的生命活动，施钾能促进光合产物的合成和运输，提高产量，并能减轻枯萎病的危害。钙和硼不仅影响果实糖分含量，而且影响果实外观。钙不足时，果实表面网纹粗糙、泛白，缺硼时瓜肉易出现褐色斑点。

甜瓜整个生育周期以结果期养分吸收量最大，氮肥和钾肥的吸收高峰在坐瓜后 16～17 天，磷肥的吸收高峰稍晚于氮肥和钾肥。土壤中速效氮、速效磷、速效钾的含量，苗期分别以 15 毫克/千克、10 毫克/千克、80 毫克/千克为宜，结瓜期以 25 毫克/千克、20 毫克/千克、100 毫克/千克为宜。施肥时既要从整个生育期来考虑，又要注意施肥的关键时期，基肥与追肥相结合。在播种或定植时施入基肥，在生长期间及时追肥。为满足甜瓜对各种元素的需要，基肥主要施用含氮、磷、钾丰富的有机肥，如圈肥、饼肥等；追肥应注意在果实膨大后不再施用速效氮肥，以免降低含糖量。另外，在甜瓜栽培中，铵态氮肥比硝态氮肥肥效差，且铵态氮会影响含糖量，因此生产中应尽量选用硝态氮肥。同时，切忌过多施用氮肥，氯化钾、氯化铵等含氯离子的肥料不宜施用。

（三）设施厚皮甜瓜水肥一体化栽培技术

1. 品种选择　厚皮甜瓜原产地是中国西部地区，2000 年以来，随着育种研究和保护地栽培技术的发展，全国各地均有栽培。设施栽培面积最大的华北地区（集中在山东、河北和河南等地），主要选择高产、早熟、抗寒、抗病性强和甜度高的品种，如伊丽莎白、白雪公主、春红冠、状元、金蜜、北京红瑞红、鲁厚甜一号、中蜜 1 号等。

2. 茬口安排　厚皮甜瓜设施栽培主要包括春提早、秋延后和冬春茬栽培。春提早栽培，一般在 2 月上旬育苗，3 月上旬定植，5 月下旬成熟收获；秋延后栽培，一般在 8 月上中旬播种，9 月上旬定植，11 月下旬至 12 月上旬收获；冬春茬栽培，一般在 12 月上旬至翌年 1 月下旬播种育苗，1 月中旬至 2 月下旬定植，4～6 月份采收。华北地区以日光温室秋延后栽培较为普遍，效益好。

3. 育苗技术　厚皮甜瓜秋延后栽培，正值高温、强光、多雨、虫害重的季节，因此需在保护地育苗，不提倡直播。

（1）**育苗床土的配制**　选择连续多年未种过瓜类作物的肥沃园土和充分腐熟的优质厩肥作床土原料，按土肥比 2∶1 的比例配制。每立方米床土外加 90% 晶体敌百虫 60 克、75% 福美双可湿性粉剂 80 克，将土、肥、药充分混匀后过筛备用。

（2）**苗床准备**　将配制好的床土装入 10 厘米×10 厘米的营养钵内，苗床做成小高畦，畦长 10～15 米、宽 1.2 米、高 10 厘米。将畦搂平踏实，上面排放装好营养土的营养钵，钵间空隙用土填满，苗床边缘的营养钵周围用土覆盖，以利于保持湿度。钵内浇透水备播。

（3）**种子处理**　将种子放入60℃热水中，不停搅拌，待水温降至28℃左右时，捞出放在0.3%高锰酸钾溶液中浸泡20分钟，用清水洗净种子后放入25～30℃的清水中浸泡4～6小时。然后用干净湿纱布包好种子，放在25～30℃条件下催芽，经24～36小时即可发芽，芽长0.1～0.3厘米时即可播种。

（4）**播种**　播种前1天苗床浇足水，待地温上升后播种。播种时每个营养钵内平放1粒种子，在种子上面均匀覆盖1厘米厚的过筛营养土，然后覆膜。苗床上架竹拱，拱上覆盖旧薄膜及遮阳网。

（5）**苗期管理**　播种后白天温度保持32～35℃、夜间21～23℃。出苗后逐渐降温，白天温度保持22～25℃、夜间15～18℃。当2/3的种子出苗时，及时撤去地膜。苗期管理：①防雨。雨前及时盖好薄膜，以防雨淋幼苗，引发苗期病害。②加强通风。苗床上薄膜只盖拱架的顶部，呈天棚状，薄膜和遮阳网四周卷起40～50厘米高，用小竹竿固定在竹拱上，利于通风。③及时喷药，防治病虫害。除在营养土中掺入杀菌剂外，苗期发生猝倒病时可用50%敌磺钠可湿性粉剂800倍液灌根，或用70%甲基硫菌灵可湿性粉剂800倍液，或66.5%霜霉威水剂1000倍液喷洒防病。用10%吡虫啉可湿性粉剂2000倍液喷雾防治蚜虫和白粉虱。④控制浇水。苗期不旱不浇水，需要浇水时应少浇勤浇，防止幼苗徒长。

4. 定　植

（1）**整地基肥**　每亩施优质腐熟鸡粪3000千克或腐熟厩肥5000千克、过磷酸钙50～150千克、磷酸氢二铵20～50千克、硫酸钾10～30千克、镁肥3～5千克、硼锌等微肥2～3千克。新建日光温室可选择最大用量，3年以上日光温室可选择最小用量。按小行距 60～70 厘米、大行距 80～90 厘米开 15 厘米深沟施肥，沟上起垄，垄高 15～20 厘米。

（2）**定植时期与密度**　一般播种后 25 天左右、幼苗 3 叶 1 心时即可定植，选择晴天下午或阴天进行定植。大果型品种每亩栽植 1 700～1 800 株，小果型品种每亩栽植 2 000 株左右。

（3）**定植方法**　垄上按 50 厘米开穴，在定植穴中点施磷酸二氢钾，每穴 5 克。幼苗去掉营养钵，带土坨放入穴中，然后覆土、覆地膜。用滴灌浇透定植水，以利于缓苗。

5. 定植后管理

（1）**温湿度管理**　9 月上旬前，将日光温室薄膜前后卷起，膜上加盖遮阳网，白天温度保持 27～32℃、夜间 15～25℃。9 月中下旬后，白天温度保持 25～32℃、夜间 12～18℃，夜间温度下降至 12℃以下时将薄膜全部盖好，并加盖草苫。浇水后注意及时排湿，连阴天时只要室内温度不是很低，仍要通风，以降低湿度，减少发病。

（2）**吊蔓**　植株在 6～7 叶时吊蔓。每株用 1 根尼龙绳，上端固定在温室的骨架或铁丝上，下端轻轻绑在植株茎基部。将瓜秧缠绕在绳上，以后每 2 天检查 1 次，发现龙头下垂即扶上吊绳。

（3）**整枝**　每亩定植 2 000 株左右，一般采用单蔓整枝方式。在幼苗 4～5 叶时摘心，留 1 条健壮的子蔓作主蔓，其余子蔓去掉。在 10～15 节上留 1 个瓜。当主蔓长到 20～24 片叶时摘心。

（4）**辅助授粉**　为提高坐瓜率，可在开花期每天上午 9～10 时进行人工授粉。方法是将当天开放的雄花摘下，确认开始散粉后，将雄花的花冠摘除露出雄蕊，向雌花柱头上涂抹，在雄花数量不足时，1 朵雄花可涂抹 3～4 朵雌花。有条件的最好采用花期放蜂的方法进行辅助授粉，1 个温室放置 1 箱蜂，1 朵雌花经蜜蜂访问 10～15 次，才能保证充分授粉。也可在开花当天用 20～30 毫克 / 千克防落素溶液蘸花，以防化瓜。

（5）**合理留瓜**　厚皮甜瓜坐瓜后长到鸡蛋大小时进行留瓜和

定瓜，选留1个健壮、匀称、无疤痕的瓜，其余摘除。定瓜标准：同期授粉的留大瓜，果实大小相同的留上位瓜；不同期授粉的先留大瓜，果实大小相同的留后授粉的瓜。

（6）**及时吊瓜** 当瓜长到150～200克时用网兜或塑料绳吊瓜。吊瓜高度要比瓜着生的茎节节位稍高一些，以防瓜大扯秧。吊瓜的方向和高度要尽量一致，以便于管理。

（7）**套袋** 在光照较强条件下，很多白色、黄色品种的后皮易变绿，可采取套袋措施。一般在果实长到鸡蛋大小时进行第一次套袋，用报纸作材料。网纹开始形成时，换用白色牛皮纸袋套袋。收获前7～10天去袋，去袋以阴天或傍晚为宜。甜瓜套袋既可美化外观又能减少果实接触农药，降低农药残留。

6. 水肥一体化管理

①第一次灌水在定植时进行，每亩用水量为15～20米^3。

②定植缓苗后，底墒充足时，苗期和抽蔓期可以不浇水不施肥；土壤干旱时可在抽蔓期蔓长30厘米时滴灌施肥1次，每亩施滴灌专用肥（N-P-K=20-10-10）10千克，或尿素4.4千克、磷酸二氢钾2千克、硫酸钾0.6千克，每亩灌水12米^3。为利于坐瓜，在开花期可喷1次0.1%硼砂溶液。

③瓜坐住至果实膨大初期，滴灌施肥1次，每亩灌水14米^3，施用滴灌专用肥（N-P-K=20-10-20）11.5千克，或尿素5千克、磷酸二氢钾2.3千克、硫酸钾3千克。

④果实膨大盛期，滴灌施肥1次，每亩灌水10米^3，施滴灌专用肥（N-P-K=10-15-28）8千克，或尿素1.8千克、磷酸二氢钾2.4千克、硫酸钾2.4千克。

⑤瓜皮硬化期和网纹形成期不再施肥，控制浇水，以防裂瓜和形成粗劣网纹。果实接近成熟时（采前10天）停止浇水，以免影响品质。

7. 主要病虫害防治 厚皮甜瓜设施栽培主要病害有炭疽病、疫病、白粉病、霜霉病等，主要害虫有蚜虫、白粉虱、红蜘蛛、斑潜蝇等。

（1）**炭疽病** 可用 25% 嘧菌酯悬浮剂 1 000～1 500 倍液喷施防治。

（2）**疫病** 用 40% 三乙膦酸铝可湿性粉剂 300 倍液喷施。也可用 25% 甲霜灵可湿性粉剂＋65% 代森锌可湿性粉剂（1∶2）600 倍液灌根，每株用药液 200～250 毫升，每 7～10 天灌 1 次。

（3）**白粉病** 用 20% 三唑酮乳油 2 000 倍液，或 40% 氟硅唑乳油 8 000～10 000 倍液，或 15% 嘧菌酯悬浮剂 2 000～3 000 倍液，或 4% 嘧啶核苷类抗菌素水剂 600～800 倍液喷施防治。

（4）**霜霉病** 用 25% 嘧菌酯悬浮剂 1 500 倍液，或 72% 霜脲·锰锌可湿性粉剂 600～800 倍液喷雾防治。

（5）**蚜虫** 用 10% 吡虫啉可湿性粉剂 2 000～3 000 倍液喷施防治，每 7～10 天喷 1 次，连喷 2～3 次。

（6）**白粉虱、红蜘蛛、斑潜蝇** 在危害初期用 10% 联苯菊酯乳油 4 000～8 000 倍液，或 1.8% 阿维菌素乳油 3 000～4 000 倍液，或 20% 氰戊菊酯乳油 1 500～2 500 倍液，或 0.3% 印楝素乳油 1 000～1 500 倍液喷施防治。

8. 采 收

（1）**适当晚收** 日光温室秋延后栽培厚皮甜瓜，在室内温度、光照等条件尚不致于使果实受寒害的前提下，可适当晚采收，以推迟上市时间，获得好的效益。因为此期天气较冷，室内温度较低，瓜的成熟和后熟速度缓慢，成熟瓜在秧上延迟数天采收一般也不会影响品质。采收时将"T"形瓜柄与瓜一起采下，摘瓜时轻拿轻放，摘下的瓜在阴凉通风处晾干表面水分，然后包装、预冷，即可外运销售。

（2）**成熟度鉴别方法**

①根据果实发育时间鉴别 在授粉时开始挂牌，注明日期，根据生长季节的气候条件和本品种的生育期判断其成熟度。

②根据果实外观特征鉴别 成熟果实外观有固定的品种特

征，如果实的颜色及网纹特征等。

③根据果实硬度鉴别　成熟果实硬度发生变化，有的品种变软，瓜皮有一定弹性，特别是果脐部分首先变软。

④根据果实香味鉴别　有香味的品种，瓜成熟时具有香气，未熟的瓜不散发香气。

⑤根据瓜柄离层鉴别　有的品种成熟时，瓜柄处产生离层，易自然脱落，未熟瓜不产生离层。

⑥根据卷须及叶片变化鉴别　有的品种在果实成熟后，坐瓜节的卷须干枯、坐瓜节叶片叶肉失绿。

⑦水浮鉴别法　果实成熟时，整瓜比重较小，能浮于水面。

⑧品尝鉴别法　切开 1～2 个果实品尝，鉴别其成熟度，从而确定同批瓜的采收时间。

第六章
豆类蔬菜水肥一体化栽培技术

一、设施菜豆水肥一体化栽培

（一）菜豆的需水特性

菜豆不同生长发育阶段对水分的要求不同，种子发芽时须吸收种子重量 100%～110% 的水分，幼苗期需水量较少，抽蔓发秧期需水量增加，结荚期需水量较多。菜豆有一定的耐旱力，但不耐土壤过湿或积水。生长期间适宜的土壤相对湿度为 60%～70%，土壤水分过多时，根系因缺氧而生长不良，吸收能力减弱，叶片提早黄化脱落，继而落花落荚，甚至根系腐烂，植株死亡。采收期，田间积水达 2 小时则叶片萎蔫，积水 6 个小时则植株死亡。开花结荚期对土壤水分和空气湿度的要求比较严格，空气相对湿度 80% 有利于授粉受精。土壤干旱、空气干燥，花粉易出现畸形或早衰，柱头干燥，影响授粉受精，落花落荚数增多；浇水过多、田间积水、空气湿度大，花粉不能破裂发芽，雌蕊柱头黏液浓度低，不利于受精，坐荚率明显下降。结荚期高温干旱，豆荚生长缓慢，蒸腾过量，中果皮很快形成纤维膜，品质下降，植株也容易受蚜虫和病毒病侵害，空气相对湿度达到 80%以上则锈病严重。

（二）菜豆的需肥特性

菜豆根系较发达，对土壤的适应性较强。适宜土层深厚，腐殖质含量高，土质疏松，排水良好的壤土和沙壤土。适宜的土壤 pH 值为 6.2～7，耐盐碱能力弱，尤其不耐含氯离子的盐类，土壤溶液含盐量达 1 000 毫克 / 升以上时，植株发育不良、矮化，根系生长受阻。

菜豆子叶期养分需求主要依靠子叶分解，随幼株生长，子叶养分耗尽，便枯黄脱落，植株即进入自养阶段。菜豆苗期一般不需要追肥，但在土壤速效氮含量较低时应适当追施提苗肥，否则会影响幼苗正常生长；蔓生菜豆约在播种后 25 天开始花芽分化，需及时追施速效氮肥；菜豆开花结荚初期，有大量根瘤形成，固氮能力强，此时应尽量避免过多施用氮肥，以防止根瘤菌的惰性使固氮量相对减少；第一花序嫩荚坐住后，植株对氮、磷、钾的需求都达到高水平，应注意追施一定的氮肥和钾肥，促使植株发生分枝，分化花芽，减少落花，提早开花结荚；采收期，需肥水最多，除吸收大量的磷、钾肥外，还需适量氮肥，可采用叶面追施。

菜豆全生育期吸收最多的是钾，其次为氮、磷、钙、硼等。一般每生产 1 000 千克菜豆，需吸收氮 3～3.7 千克、磷 2.3 千克、钾 5.9～6.8 千克。植株虽然需氮量多，但在根瘤形成后，大部分氮可由根瘤菌固定空气中的氮素来提供。尽管如此，土壤供氮不足也会影响菜豆的生长和产量。据研究，磷对根瘤菌的着生有利，可促进早熟，硼对菜豆根系生长、根内维管束的发育有利，钼可提高氮肥利用率及固氮菌的着生。因此，叶面喷施多元微肥不仅可以提高菜豆产量，而且还能改善其品质。

（三）设施菜豆水肥一体化栽培技术

1. 品种选择　设施秋冬茬菜豆可选用耐低温、弱光，抗病强、品质好、产量高的中晚熟蔓生品种，如芸丰、架豆王、双季豆、老来少、绿龙、特嫩 1 号、超长四季豆、春丰 2 号等。在温室前屋面低矮处可种植早熟耐寒的矮生品种，如优胜者、供给者、推广者、新西兰 3 号、嫩荚菜豆、农友早生、日本极早生等。

2. 茬口安排 华北地区菜豆设施栽培主要包括早春茬、秋冬茬和冬春茬栽培。早春茬栽培，一般在 12 月下旬至翌年 1 月下旬播种育苗，2 月上旬至 3 月上旬定植，3 月下旬至 5 月下旬收获；秋冬茬栽培，一般在 9 月上旬直播，11 月上旬开始收获；冬春茬栽培，一般在 10 月中下旬播种育苗，11 月下旬定植，翌年 2～4 月份采收。山东等地秋冬茬栽培效益高。

3. 育苗技术

（1）**种子处理** 播前精选种子，保留籽粒饱满、具有品种特性、有光泽的种子，剔除已发芽、有病斑、虫害、霉烂、有机械损伤和混杂的种子。播前晾晒 1～2 天，并进行温汤浸种。用 55℃热水浸泡 15 分钟，不断搅拌，使水温降至 25～30℃时继续浸种 4～5 小时，捞出后待播。也可用种子重量 0.2% 的 50% 多菌灵可湿性粉剂拌种，或用 1% 甲醛溶液浸泡 20 分钟消毒，捞出后用清水冲洗干净，再浸泡 1～2 小时。将种子沥干水分，放在 25～28℃条件下催芽，2 天左右即可发芽。

（2）**苗床准备** 育苗前用 0.1% 高锰酸钾溶液对育苗设施进行喷淋或浸泡消毒。也可用 50% 多菌灵可湿性粉剂 500 倍液，或 50% 福美双可湿性粉剂 300 倍液对棚室的土壤、棚顶及四周表面进行喷雾消毒。

（3）**营养土配制** 育苗所用的营养土要选择 2～3 年内没有种过菜豆的菜园土，用 6 份肥沃的菜园土与 4 份腐熟的圈粪肥混合制成，在每 100 千克营养土中掺入过磷酸钙 2～3 千克、硫酸钾 0.5～1 千克。土壤酸碱度应以中性或弱酸性为宜，土壤过酸会抑制根瘤菌的活动。要求土壤疏松、保肥保水性能良好。

（4）**播种** 将配好的营养土装入 8 厘米×8 厘米的营养钵，

装至距钵顶口 2 厘米处为宜。播种时将处理好的种子点播于营养钵中，每钵 2～3 粒，覆土 2 厘米厚。

（5）**苗期管理**　播种宜在晴天上午进行。播种、浇水后覆盖地膜，保温保湿，白天苗床温度保持 20～25℃、夜间 13℃；幼苗出土后，去掉地膜，适当降低温度，白天温度保持 15～20℃、夜间不低于 10℃；第一片真叶展平后，白天温度保持 18～20℃、夜间 13℃，并采取早揭苫、晚盖苫和倒营养钵等措施，使幼苗长势均衡。定植前 5～7 天降温炼苗，白天温度保持 15～18℃、夜间 8℃。当秧苗 2 叶 1 心、日历苗龄 25～30 天时即可定植。整个苗期不供水、不追肥，所以必须浇足底墒水。若苗叶色发黄可用 0.2%～0.3% 磷酸二氢钾溶液或 0.2% 尿素溶液叶面喷雾。

4. 定植　结合整地，每亩施腐熟有机肥 5 000 千克、三元复合肥 35～50 千克，撒匀后深翻整细。然后按大行距 80 厘米、小行距 40 厘米起垄做畦，垄高 20 厘米，覆盖地膜，实行高垄双行栽培，穴距 28～30 厘米，每穴留苗 2 株，每亩定植 8 000 株左右。栽后用滴灌浇透定植水，以利于缓苗。

5. 定植后管理

（1）**温度管理**　定植到缓苗温度可适当高些，白天温度保持 25℃左右、夜间 15℃左右。缓苗后，白天温度保持 20℃左右、夜间 15～20℃，利于花芽分化及开花结荚。果荚膨大及采收期，白天温度保持 22～28℃、夜间 15～18℃。冬季温度低时及时加盖草苫或纸被。

（2）**植株调整**　菜豆主蔓长至 30 厘米，需及时吊绳引蔓。现蕾开花之前，将第一花序以下的侧枝打掉，中部侧枝长到 30～50 厘米时摘心，主蔓接近棚顶时落蔓。结荚后期，及时剪除老蔓和病叶，以改善通风透光条件，促进侧枝再生和潜伏芽开花结荚。

（3）**保花保荚**　菜豆的花芽量很大，但正常开放的花仅占 20%～30%，能结荚的花又仅占开花的 20%～30%，结荚率极低。主要原因是开花结荚期外界环境条件不适，如温度过高或过低、初花期浇水过早、湿度过大或过小、早期偏施氮肥、栽植密度过大光照不足、水肥供应不足、采收不及时等均能造成授粉不良而落花。生产中可通过加强管理、合理密植、适时采收等措施防止落花落荚。落荚较重时，可用 5～25 毫克/千克萘乙酸溶液喷花序，以保花保荚。

6. 水肥一体化管理 整个生长期追肥浇水应掌握"苗期少、伸蔓期控、结荚期促"的原则。

（1）定植期 定植后及时灌水，每亩用水量 15～20 米^3。

（2）缓苗期至现蕾期 浇足定植水后，一般于现蕾前不浇水，以控水蹲苗为主；土壤干旱可在定植后 5～7 天浇 1 次缓苗水，每亩用水量为 8～10 米^3。当幼苗长到 3～4 片真叶、蔓生品种伸蔓时，浇伸蔓水，滴灌施肥 1 次，每亩灌水 10～15 米^3、施用滴灌专用肥（N-P-K=20-10-20）4～6 千克，促进伸蔓，扩大营养面积。现蕾以后一直到开花前为蹲苗期，要控制浇水，促进菜豆由营养生长向生殖生长发展。这时如果水肥过多，容易导致茎蔓徒长和落花落荚。

（3）开花结荚期 花期一般不浇水，第一花序的嫩荚长到 3 厘米时，结合浇水追施 1 次催荚肥，每亩灌水 12～15 米^3、施用滴灌专用肥（N-P-K=14-7-28）5～7 千克。随后需水量逐渐加大，每 10 天左右浇水 1 次，每次每亩灌水 12～15 米^3、隔 1 次水追施滴灌专用肥（N-P-K=14-7-28）5～7 千克。浇水要选择冷尾暖头天气进行，浇水后应加强通风排湿，防止病害发生。结荚期可用 0.2% 磷酸二氢钾溶液，或 2% 过磷酸钙浸出液＋0.3% 硫酸钾溶液，喷施叶面肥。

7. 主要病虫害防治 菜豆病害主要有根腐病、炭疽病、锈病、细菌性疫病、灰霉病、菌核病等，害虫主要有豆荚螟、蚜虫、潜叶蝇、红蜘蛛、白粉虱等。

（1）根腐病 播种时用种子重量 0.2% 的 50% 多菌灵可湿

性粉剂拌种。发病初期，可用 5% 丙·噁·甲霜灵水剂 800～1000 倍液，或 80% 多·福·福美锌可湿性粉剂 500～700 倍液，或 20% 二氯异氰尿酸钠可溶性粉剂 400～600 倍液，或 54.5% 噁霉·福美双可湿性粉剂 700 倍液，或 70% 福·甲硫·硫黄可湿性粉剂 800～1000 倍液灌根，每株灌 250 毫升，隔 5～7 天灌 1 次。

（2）**炭疽病** 播种时用种子重量 0.3% 的 50% 多菌灵可湿性粉剂拌种。发病初期，可用 25% 嘧菌酯可湿性粉剂 1000～1500 倍液，或 500～800 倍铜皂液（硫酸铜 1 份，肥皂 4～6 份，水 500～800 份）喷施防治，每隔 7～10 天喷洒 1 次，连喷 3 次。

（3）**锈病** 发病初期用 25% 三唑酮可湿性粉剂 1000～1500 倍液，或 40% 硫黄·多菌灵悬浮剂 350～400 倍液喷施防治，每隔 7～15 天喷 1 次，连喷 2～4 次。

（4）**细菌性疫病** 可用 77% 氢氧化铜可湿性粉剂 500 倍液，或 27% 碱式硫酸铜悬浮剂 600 倍液，或 60% 代森锌可湿性粉剂 400～600 倍液喷施防治，每隔 7 天喷 1 次，连喷 3 次。

（5）**灰霉病** 可用 50% 腐霉利可湿性粉剂或 50% 乙烯菌核利可湿性粉剂 1000 倍液喷雾防治。

（6）**豆荚螟** 在初龄幼虫（三龄前）蛀果前用 2.5% 溴氰菊酯乳油 800～1000 倍液喷雾防治，多从现蕾开始喷药，每 10 天左右 1 次，重点喷花蕾和嫩荚。

（7）**蚜虫** 在蚜虫始盛期用 10% 吡虫啉可湿性粉剂 2000～3000 倍液，或 3% 啶虫脒乳油 1500～2000 倍液，或 0.3% 印楝素乳油 1000～1500 倍液喷施防治。

（8）**白粉虱、红蜘蛛、潜叶蝇** 在危害初期用 10% 联苯菊酯乳油 4000～8000 倍液，或 1.8% 阿维菌素乳油 3000～4000 倍液，或 20% 氰戊菊酯乳油 1500～2500 倍液，或 0.3% 印楝素乳油 1000～1500 倍液喷施防治。

8. 采收 适时采摘嫩荚，既可保证良好的商品价值，又可调整植株的生长势，延长结荚期，提高产量。菜豆开花后 10～15 天，可达到食用成熟度。采收标准为豆荚由细变粗，荚大而嫩，豆粒略显。结荚盛期，每 2～3 天采收 1 次，采收时要注意保护花序和幼荚。

二、设施豇豆水肥一体化栽培

（一）豇豆的需水特性

豇豆根系发达，吸水力强，较耐土壤干旱，但不耐涝。适宜的空气相对湿度为 55%～65%，适宜的土壤相对湿度为 65%～70%。豇豆生长期要求适量的土壤水分，种子发芽期水分过多，种子易霉烂。生产中播后遇低温阴雨天，常常烂种，且幼苗易发生病害。因此，在发芽期要特别注意控制水分供应，并及时松土，以提供豇豆发芽时有疏松透气和排水良好的环境条件。幼苗期水分过多，易引起幼苗徒长，还会引发"锈根"，甚至烂根死苗，还不利于根瘤菌活动；抽蔓期土壤湿度大，容易引起根腐病或疫病等；开花结荚期，要求适宜的空气湿度与土壤湿度，空气干燥、土壤干旱可引起大量落花，土壤含水量过大可引起茎蔓徒长，同样也会大量落花落荚。

（二）豇豆的需肥特性

豇豆根系再生能力较弱，主根入土深度一般为 80～100 厘米，根群主要分布在 15～18 厘米的耕层内，侧根稀小，根瘤较少，固氮能力较差。豇豆对土壤适应性广，但以土层深厚、有机质含量高、排水良好、透气性好的壤土或沙壤土为好，适宜的土壤 pH 值为 6.2～7。土壤酸性过强，会抑制根瘤菌的生长，过于黏重和低湿的土壤不利根系生长和根瘤菌发育，产量低。

豇豆对肥料要求不高。苗期根瘤尚未充分发育，固氮能力弱，需要施用适量的氮肥，氮肥过多易引起茎叶徒长，不利于结荚。开花结荚期，根瘤菌的固氮能力增强，但其根瘤不及其他豆科植物发达，因此必须供给一定量的氮肥，但不能偏施氮肥；植株对磷、钾的需要量增加，增施磷、钾肥，可以缩短生长期、增加根瘤菌数量、促进豆荚充实饱满、增加产量；此期由于营养生长与生殖生长并进，对各种营养元素的需求量增加，肥料供应不足，会影响豇豆的产量和品质。

每生产 1 000 千克豇豆，需要氮 12.2 千克（仅从土壤中吸收 4.1 千克）、磷 4.4 千克、钾 9.7 千克。豇豆全生育期从土壤中吸收钾最多，磷次之，氮相对较少。因此，生产中应适当控制水肥，适量施用氮肥，增施磷、钾肥，补施硼、钼肥，以促进结荚，增加产量。

（三）设施豇豆水肥一体化栽培技术

1. 品种选择　设施栽培豇豆，主要选用耐低温、抗病、株型紧凑、结荚率较高、采收期长、荚果细长、肉厚质脆的优质高产品种，如之豇 28-2、红嘴燕、秋丰、张塘豆角等。春季早熟栽培，多选用分枝能力弱，适合密植的早熟、优质丰产的蔓性品种，如之豇 28-2 等。秋延后栽培，宜选用耐热、抗病、丰产优质品种，如红嘴燕、秋丰、张塘豆角等。

2. 茬口安排　华北地区豇豆设施栽培主要包括春早熟、秋延迟和冬春茬栽培。春早熟栽培，一般在 12 月中下旬至翌年 1 月中旬播种育苗，1 月上中旬至 2 月上中旬定植，3 月上旬前后开始采收，一直采收到 6 月份；秋延后栽培，一般 8 月中旬至 9 月上旬播种育苗或直播，10 月下旬开始上市；冬春茬栽培一般在 10 中旬播种，春节前后形成批量商品。

3. 育苗技术

（1）**营养土配制**　育苗用营养土要选择 2～3 年内没有种过豇豆的菜园土，用 6 份肥沃的菜园土与 4 份腐熟的圈粪肥混合制成，在每100千克营养土中掺入过磷酸钙2～3千克、硫酸钾0.5～1千克。配好的营养土装入10厘米×10厘米的营养钵，装至距钵顶口2厘米处为宜。

（2）**种子处理**　干籽直播需每亩备种1.5～3.5千克，育苗移栽需每亩备种1.5～2.5千克。为提高种子的发芽势和发芽率，保证发芽整齐、快速，应剔除饱满度差、虫蛀、破损和霉变种子，晴天晒种1～2天，然后用25～32℃温水浸种10～12小时，并在28～30℃条件下催芽，芽长1厘米左右即可播种。

（3）**播种**　播前浇足底水，播种时每钵2～3粒种子，覆土厚2厘米左右。

（4）**苗期管理**　播种后白天温度保持30℃左右、夜间25℃左右，以促进幼苗出土。正常温度条件下播后7天发芽，10天左右出齐苗。此期幼苗下胚轴对温度特别敏感，温度高易引起植株徒长，因此白天温度降至20～25℃、夜间14～16℃。定植前7天左右开始低温炼苗。苗期一般不追肥，但须加强水分管理，防止苗床过干过湿。注意防止低温高湿引起的锈根病，以及蚜虫和根蛆。

（5）**苗龄**　豇豆根系木质化比较早，再生能力比较弱，因此苗龄不宜太长。适龄壮苗的标准：日历苗龄20～25天，苗高20厘米左右，茎粗0.3厘米以下，3～4片真叶，根系发达，无病虫害。

4. 定　植

（1）**整地施基肥**　每亩施优质农家肥5 000～10 000千克、腐熟的鸡粪2 000～3 000千克、过磷酸钙50千克、草木灰100千克或硫酸钾25千克。将肥料普施地面，人工深翻两遍，使肥料与土充分混匀，然后按栽培行距起垄，垄高15厘米左右。在大行间，或等行距的隔2行再扶起1条供作业时行走的垄。

（2）**定植密度**　豇豆栽培行距平均为1.2米，可采用等行距或大小行栽培。大小行栽培时，大行距1.4米、小行距1米、穴距 25 厘米，每穴留苗 2 株，每亩栽 9 000 株左右。定植后立即覆盖地膜，破膜提苗。

5. 定植后管理

（1）**温度管理** 定植后 1～2 天不通风，提高棚内温度，促进缓苗。白天温度保持 28～30℃，如秧苗萎蔫可覆盖草苫遮阴，恢复正常后再揭开草苫，下午盖草苫前温度保持 18℃左右，翌日揭苫前最低温度 15℃即可。缓苗后适当降温，白天温度保持 25～30℃，超过 30℃及时通风降温，温度低于 20℃时关闭通风口，降到 17℃时覆盖草苫，夜温保持 15～18℃。开花结荚后白天温度不能高于 30℃，夜间温度最好在 15℃以上。

（2）**植株调整** 当主蔓伸长至 30～40 厘米、植株长有 5～6 片叶时吊绳，引蔓到吊绳上。引蔓时切不可折断茎部，否则下部侧蔓丛生，上部枝蔓少，通风不良，落花落荚。为减少无效养分消耗，改善通风透光，促进开花结荚，必须进行整枝。豇豆整枝方法：①主蔓第一花序以下萌生的侧蔓长 3～4 厘米时一律掐掉，以保证主蔓健壮生长。②第一花序以上各节初期萌生的侧枝留 1 片叶摘心，中后期主茎上发生的侧枝留 2～3 片叶摘心，以促进侧枝第一花序的形成，利用侧枝上发出的结果枝结荚。③第一个产量高峰期过去后，在距植株顶部 60～100 厘米处，已经开过花的节位还会发生侧枝，也要进行摘心，保留侧花序。④豇豆每一花序上都有主花芽和副花芽，通常是自下而上主花芽发育、开花、结荚，在营养状况良好的情况下，每个花序的副花序再依次发育、开花、结荚。所以，主蔓长到 2 米左右时摘心，促进各侧蔓上的花芽发育、开花、结荚，减少同化养分的消耗，是保花保荚的有效措施。

（3）**保花保荚** 设施栽培豇豆，一般结荚率仅占花芽分化数的 10%～60%，占开花数的 20%～35%。生产中为防止落花落荚，要避免过高或过低的温度与湿度，加强肥水管理，提高植株的营养水平，开花期适当控水，后期及时摘除下部枯黄的老叶，改善通风透光条件。开花期用 5～10 毫克 / 千克萘乙酸溶液喷施花序，对抑制离层形成、防止落花、提高结荚均有较好的效果。

6. 水肥一体化管理 整个生长期水肥管理遵循前控后促原则，开花结荚前控制水肥防徒长，开花结荚后要保持土壤湿润，浇水掌握"浇荚不浇花，干花湿荚"的原则，加强水肥管理，足肥足水，促进结荚。

（1）定植期 定植后及时灌水，每亩用水量 15～20 米³。

（2）缓苗期至现蕾期 浇足定植水后，一般于现蕾前不浇水，以促进根系发育；土壤干旱可在定植后 5～7 天浇 1 次缓苗水，每亩用水量为 8～10 米³；现蕾时浇 1 次水，每亩用水量为 10～15 米³，到初花期不再浇水。

（3）开花结荚期 花期一般不浇水，第一个花序坐住荚后，其上几节花序相继出现时，开始滴灌施肥，一般每 10～15 天滴灌施肥 1 次，每次每亩灌水 12～15 米³、施用滴灌专用肥（N-P-K=20-10-20）5～7 千克；中上部花序开花结荚期，每 10 天左右滴灌施肥 1 次，每次每亩灌水 12～15 米³，施用滴灌专用肥（N-P-K=15-15-30）4～6 千克。盛花期叶面喷施 0.2% 硼砂溶液 1～2 次，以提高结荚率；结荚盛期，每隔 7～10 天喷施 1 次 0.3% 磷酸二氢钾 +0.3% 尿素混合溶液，防止植株早衰，以延长开花结荚期，提高产量。

7. 主要病虫害防治 设施豇豆病害主要有根腐病、煤污病、锈病，害虫主要有蚜虫、潜叶蝇、豆荚螟。

（1）根腐病 播种时用种子质量 0.2% 的 50% 多菌灵可湿性粉剂拌种。发病初期，可用 20% 二氯异氰尿酸钠可溶性粉剂 400～600 倍液，或 54.5% 噁霉·福美双可湿性粉剂 700 倍液，或 70% 福·甲硫·硫黄可湿性粉剂 800～1000 倍液灌根，每株灌 250 毫升，隔 5～7 天灌 1 次。

（2）煤污病 发病初期用 25% 多菌灵可湿性粉剂 400 倍液，或 40% 多菌灵胶悬剂 800 倍液，或 50% 甲基硫菌灵可湿性粉剂

600 倍液喷雾防治，每 10 天左右喷 1 次。

（3）**锈病** 发病初期用 25% 三唑酮可湿性粉剂 1 000～1 500 倍液，或 40% 硫黄·多菌灵悬浮剂 350～400 倍液喷施防治，每 7～10 天喷 1 次，连喷 2～3 次。

（4）**蚜虫** 在蚜虫始盛期用 10% 吡虫啉可湿性粉剂 2 000～3 000 倍液，或 3% 啶虫脒乳油 1 500～2 000 倍液喷施防治。

（5）**潜叶蝇** 在危害初期用 10% 联苯菊酯乳油 4 000～8 000 倍液，或 1.8% 阿维菌素乳油 3 000～4 000 倍液，或 20% 氰戊菊酯乳油 1 500～2 500 倍液，或 0.3% 印楝素乳油 1 000～1 500 倍液喷施防治。

（6）**豆荚螟** 从现蕾开始，用 1.8% 阿维菌素乳油 1 000～1 500 倍液，或 2.5% 溴氰菊酯乳油 3 000 倍液喷雾防治，每 10 天喷花蕾 1 次，连喷 2～3 次。

8. 采收 一般在开花后 10～15 天，豆荚饱满柔软未纤维化、籽粒未膨大时为采收适期。采收过迟，易引起植株早衰，同时也影响豆荚品质，一般 4～5 天采收 1 次，结荚盛期 1～2 天采收 1 次。采收时须注意留荚基部 1 厘米左右，不要伤及花序，切勿碰伤小花蕾，更不能连花序柄一起拽下来。

三、设施荷兰豆水肥一体化栽培

（一）荷兰豆的需水特性

荷兰豆根系较深，稍耐旱，不耐涝。适宜的土壤相对湿度为 70% 左右，适宜的空气相对湿度为 60% 左右。荷兰豆的耐旱能力不如菜豆、豇豆、扁豆等豆类蔬菜。

荷兰豆整个生长期均要求较多的水分。不同生育阶段需水量不同，种子发芽需吸收种子自身重量 1～1.5 倍的水分，土壤水分不足，种子无法吸水膨胀，会延迟出苗，土壤水分过大则易烂种；幼苗期能耐受一定的干旱，此期控水有利于发根壮苗；开花期，土壤干旱、空气干燥，花朵迅速凋萎，大量落花落蕾，开花适宜的空气相对湿度为60%～90%，空气相对湿度在60%以下开花减少；豆荚生长期若遇高温干旱，会使豆荚纤维提早硬化，过早成熟而降低品质和产量。植株生长期空气湿度大，土壤含水量高，通透性差，易烂根，易发生白粉病，花朵受精率低，空荚和秕荚多。

（二）荷兰豆的需肥特性

荷兰豆对土壤要求不严，较耐瘠薄，在疏松透气、有机质含量较高的中性土壤生长良好，在盐碱地、低洼积水地不能正常生长。根系和根瘤菌生长的适宜土壤pH值为6.7～7.3，pH值大于8时，根瘤生长受影响；pH值低于6.5时，根瘤菌固氮能力降低，植株矮小瘦弱、叶片小而黄；pH值小于4.7则不能形成根瘤。由于荷兰豆根系分泌物会影响翌年根瘤菌的活动和根系生长，所以荷兰豆忌连作。

荷兰豆全生育期对氮需求量最多，钾次之，磷最少，每生产1 000千克荷兰豆需吸收氮2.4千克、磷0.8千克、钾5.7千克。从出苗到开花吸收的氮素约占全生育期吸收量的40%，始花到终花吸收的氮素约占59%，终花到完熟吸收的氮素约占1%；以上3个阶段磷吸收量分别为30%、36%和34%；钾吸收量分别为60%、23%和17%；钙吸收量分别为40%、45%和15%。各时期干物质的形成量分别占30%、50%和20%。

荷兰豆根瘤菌能固定土壤及空气中的氮素，所以对氮肥的需求相对较少。但苗期根瘤菌数量较少，固氮能力较弱，需要施入一定量的氮肥，促使幼苗健壮和根瘤形成。开花结荚期由于生长发育旺盛，补充一定的氮肥利于花芽分化，增加有效分枝和双荚数。由于荷兰豆与根瘤共生，能从空气中固定氮素供给植株2/3的氮素需要，因此只需在生长前期追施少量氮肥，后期注意磷肥、钾肥和微肥供应即可满足需要。

磷肥能促进根瘤生长、分枝和籽粒发育。早期供应充足的磷能促进根瘤的生长。荷兰豆进入开花期对磷素的吸收迅速增加，花后 15～16 天达到高峰。磷肥不足，植物叶片呈浅蓝绿色、无光泽，植株矮小，主茎下部分枝极少，花少，果荚成熟推迟。

钾肥可增强荷兰豆的耐寒力，促进光合产物的运输、蛋白质合成和籽粒肥大。植株对钾的需求量在开花后迅速增加，至花后 31～32 天达到高峰（比磷晚），后期需钾量下降也比磷慢。试验研究表明，施钾可明显促进食荚荷兰豆的生长发育，增加单株分枝数和单株荚数，提高鲜荚产量，改善鲜荚品质。缺钾时，植株矮小，节间短，叶缘褪绿，叶卷曲，老叶变褐枯死。

荷兰豆对钙素的吸收在嫩荚迅速伸长期达到高峰，钙能提高植株抗病性，防止叶片脱落。缺钙时，植株叶脉附近出现红色凹陷斑并逐渐扩大，幼叶褪绿，继而变黄变白，植株萎蔫。

硼在荷兰豆植株体内参与碳水化合物的运输，调节体内养分和水分的吸收。钼是固氮酶和硝酸还原酶的组成成分。硼和钼均能促进根瘤菌的形成和生长，提高固氮能力。镁是叶绿体结构的成分，还是许多酶的激活剂，缺镁时叶绿体片层结构破坏，施镁可以改善荷兰豆的光合状况。因此，开花结荚期根外喷施硼、镁、钼等微量元素，有明显的增产效果。

（三）设施荷兰豆水肥一体化栽培技术

1. 品种选择 食荚荷兰豆栽培可选耐低温、抗病、产量高、豆荚品质好、外形美观的品种。目前，适合日光温室、大棚栽培的荷兰豆品种主要有大白花、大荚荷兰豆、食荚大菜豌豆 1 号、赤花绢荚 2 号、晋软 1 号等，生产中根据各地的需要进行选择。

2. 茬口安排 华北地区，大棚早春栽培，2 月下旬至 3 月上旬播种，5 月上中旬至 6 月中下旬收获；大棚秋延后栽培，8 月上旬播种，10 月中旬至 11 月中旬收获。日光温室栽培主要包括早春茬、秋冬茬和冬春茬栽培。早春茬栽培，一般在 11 月中旬至 12 月上旬育苗，翌年 1 月上中旬定植，2 月上旬至 4 月下旬收获；秋冬茬栽培，一般在 8 月下旬播种育苗（或 9 月上旬直播），9 月中下旬定植（或定苗），10 月下旬至翌年 1 月中旬收获；冬春茬栽培，一般在 10 月上中旬播种育苗（空茬也可直播），11 月上旬定植（定苗），12 月下旬至翌年 3 月下旬收获。

3. 育苗技术

（1）**营养土配制**　育苗用营养土选择 2～3 年内没有种过荷兰豆的菜园土，用 6 份肥沃的菜园土与 4 份腐熟的圈粪肥混合制成，每 100 千克营养土中掺入过磷酸钙 2～3 千克、硫酸钾 0.5～1 千克。配好的营养土装入 8 厘米×8 厘米的营养钵，装至距钵顶口 2 厘米处为宜。

（2）**精选种子**　播前精选种子，保留籽粒饱满、具有品种特性、有光泽的种子，剔除已发芽、有病斑、虫害、霉烂和有机械损伤、混杂的种子，晾晒 1～2 天。

（3）**播种**　播前浇足底水，干籽播种，每钵 2～4 粒种子，覆土厚 2 厘米左右。

（4）**苗期管理**　播种后将温度控制在 10～18℃，有利于快出苗和出齐苗。温度过低，发芽慢；温度过高（25～30℃），发芽虽快，但出苗率低。出苗后，应进一步降低温度，一般以 8～10℃为宜。定植前适当炼苗，使秧苗经受 2℃左右的低夜温，以利完成春化阶段的发育。育苗期间只要不过于干旱，一般不浇水，防止秧苗徒长。定植时每个营养钵选留健壮无病苗 2 株。

（5）**苗龄**　荷兰豆的适宜生理苗龄为 4～6 片真叶，茎粗节短。达到这样的生理苗龄在 20～28℃条件下需 20～25 天，在 10～17℃条件下需 30～40 天，在 16～23℃适温下需 25～30 天。

4. 定　植

（1）**整地施基肥**　每亩施优质腐熟农家肥 5 000 千克、过磷酸钙 40～50 千克、硫酸钾 20～25 千克，深翻 20～25 厘米与土充分混匀，耙细整平后做畦。单行密植时铺 1 条滴灌带，双行密植时铺 2 条滴灌带。

（2）**定植方法与密度** 选择晴天上午进行定植。单行密植时，畦宽 1 米，栽 1 行，穴距 15～18 厘米，每亩栽 3 000～3 600 穴；双行密植时，畦宽 1.5 米，栽 2 行，穴距 21～24 厘米，每亩栽 4 500～5 000 穴。定植穴位于滴灌孔附近，用滴灌浇透定植水，以利于缓苗。

5. 定植后管理

（1）**温度管理** 定植后到现蕾开花前，白天温度保持 20℃左右为宜，温度超过 25℃及时通风降温，避免温度超过 30℃，夜间温度不宜低于 10℃。开花结荚期，白天温度保持 15～18℃、夜间 12～16℃，温度过高或过低均会影响结荚、幼荚生长及其品质。

（2）**植株调整** 当植株出现卷须时即可搭架绑蔓，一般采用单排支架。因荷兰豆茎蔓多，且不能自行缠绕，所以多用竹竿与尼龙绳结合的方法来搭蔓绑蔓。在行向上每隔 1 米设立 1 根竹竿，竹竿上每隔 0.5 米缠 1 道尼龙绳，使豆秧相互攀缘，再用绳束腰固定。当植株长有 15～16 节时，晴天可进行摘心。

（3）**保花保荚** 花期用 30 毫克 / 千克防落素溶液叶面喷雾，防止落花落荚。

6. 水肥一体化管理

（1）**定植期** 定植后及时灌水，每亩用水量 15～20 米^3。

（2）**缓苗期** 育苗定植时，浇定植水后一般于现蕾前不浇水，以促进根系发育，保证植株健壮；土壤干旱可在定植后 5～7 天浇缓苗水。直播时，在苗高 6～10 厘米时可酌情浇 1 次水，每亩用水量为 10～12 米^3。

（3）**现蕾期** 当植株开始现蕾时滴灌施肥 1 次，每亩灌水 14 米^3、施滴灌专用肥（N-P-K=20-10-20）5～6 千克，随后划锄保墒，控秧促荚，以利高产。

（4）**开花结荚期**　花期一般不浇水。第一花结成小荚至第二花刚谢时，标志着荷兰豆进入开花结荚盛期，此时需肥水量较大，一般每 10～15 天滴灌施肥 1 次，每次每亩灌水 12 米^3、施滴灌专用肥（N-P-K=23-7-23）5～7 千克。

7. 主要病虫害防治　设施荷兰豆病害主要有白粉病、炭疽病、锈病等，害虫主要有蚜虫、潜叶蝇。

（1）**白粉病**　用 20% 三唑酮乳油 2 000 倍液，或 40% 氟硅唑乳油 8 000～10 000 倍液，或 15% 嘧菌酯悬浮剂 2 000～3 000 倍液，或 4% 嘧啶核苷类抗菌素水剂 600～800 倍液喷施防治。

（2）**炭疽病**　播种时用种子重量 0.3% 的 50% 多菌灵可湿性粉剂拌种。发病初期，可用 25% 嘧菌酯可湿性粉剂 1 000～1 500 倍液，或 500～800 倍铜皂液（硫酸铜 1 份，肥皂 4～6 份，水 500～800 份）喷施防治，每隔 7～10 天喷 1 次，连喷 3 次。

（3）**锈病**　发病初期用 25% 三唑酮可湿性粉剂 1 000～1 500 倍液，或 40% 硫黄·多菌灵悬浮剂 350～400 倍液喷施防治，每隔 7～15 天喷 1 次，连喷 2～4 次。

（4）**蚜虫**　在蚜虫始盛期用 10% 吡虫啉可湿性粉剂 2 000～3 000 倍液，或 3% 啶虫脒乳油 1 500～2 000 倍液，或 0.3% 印楝素乳油 1 000～1 500 倍液喷施防治。

（5）**潜叶蝇**　在危害初期用 10% 联苯菊酯乳油 4 000～8 000 倍液，或 1.8% 阿维菌素乳油 3 000～4 000 倍液，或 20% 氰戊菊酯乳油 1 500～2 500 倍液，或 0.3% 印楝素乳油 1 000～1 500 倍液喷施防治。

8. 采收　荷兰豆以嫩荚为产品器官，采收时期对产品质量和产量影响很大，因此应确定适宜的采收期。多数品种开花后 8～10 天豆荚停止生长，种子开始发育，此为嫩荚采收适期。生产中为增加产量，可等种子发育到一定程度后采收，但要注意不可采收过晚，以免嫩荚品质变劣。

第七章

叶菜类蔬菜水肥一体化栽培技术

一、设施结球甘蓝水肥一体化栽培

（一）结球甘蓝的需水特性

结球甘蓝根系分布较浅，且外叶大，水分蒸发量多，要求在湿润的气候条件下生长，不耐干旱，但在幼苗期和莲座期能忍耐一定的干旱和潮湿的气候环境，一般在空气相对湿度80%～90%和土壤相对湿度70%～80%条件下生长良好。结球甘蓝尤其对土壤湿度要求严格，土壤水分保持适当，即使空气湿度较低，植株也能生长良好。如果土壤水分不足，土壤相对湿度低于50%会造成生长缓慢，结球期延后，叶球松散，叶球小，茎部叶片脱落，严重时不能结球；如果土壤相对湿度高于90%，土壤排水不良，会造成植株根部缺氧导致病害和植株死亡。因此，在结球甘蓝栽培过程中，只有做到旱能浇、涝能排，才能达到高产稳产。

（二）结球甘蓝的需肥特性

结球甘蓝属浅根系作物，根系有主根、侧根和发达的根毛，根群主要分布在25厘米的表土层中。幼根受伤再生能力较强，适合移栽。结球甘蓝对土壤适应性较强，但以疏松、土层厚、土质肥沃、通气良好、保肥保水性的沙壤土为最好。结球甘蓝适合中性土壤，对微酸性、微碱性土壤也有一定适应能力。结球甘蓝耐盐力强，在含盐量 0.75%～1.2% 的盐碱土上能正常结球。

结球甘蓝是喜肥耐肥作物，对土壤养分的吸收大于一般蔬菜。在幼苗期、莲座期和结球期吸肥动态与大白菜基本相同。幼苗期和莲座期氮肥的吸收量最大，其次是磷；结球期吸收氮、磷、钾、钙占全生育期总吸收量的 80%，结球期需钾较多。定植 35 天前后，对氮、磷、钙元素的吸收量达到高峰，定植 50 天前后，对钾的吸收量达到高峰。结球甘蓝全生育期吸收氮、钾、钙较多，磷较少，每生产 1 000 千克结球甘蓝约需氮 3 千克、磷 1 千克、钾 4 千克。土壤干燥、氮肥过量、土壤含盐量过高等均会抑制结球甘蓝对钙的吸收，容易发生心叶尖端枯死或叶球内部腐烂等缺钙症状，降低其商品品质。

（三）设施结球甘蓝水肥一体化栽培技术

1. 品种选择　设施结球甘蓝栽培应选择耐寒、早熟、冬性强、不易抽薹的早熟品种，如中甘 11 号、8398、鲁甘 2 号、金宝、冬甘 1 号等。

2. 茬口安排　结球甘蓝日光温室冬春茬栽培，一般在 9 月中旬至 10 月中旬播种育苗，11 月中旬至 12 月中旬定植，翌年 1 月上旬至 2 月中旬收获；春季拱棚早熟栽培，一般在 12 月上旬阳畦播种育苗，翌年 2 月中下旬定植，4 月上旬开始收获。华北地区，结球甘蓝日光温室冬春茬栽培为主要茬口。

3. 育苗技术

（1）营养土配制　育苗用营养土要求土壤肥沃、有良好的物理性状和保水性、透气性。前茬未种十字花科作物的肥沃菜园土占 75%，速效肥料和有机肥占 5%～10%，再加入 10%～20% 过筛炉灰或蛭石，以提高床土通透性。每立方米营养土中加入 50% 多菌灵可湿性粉剂 100 克，充分混拌均匀后使用。

（2）播种　播前营养土或营养钵浇透水，以 8～10 厘米土层达到基本饱和为宜，水渗后畦面略有裂缝时播种，以免泥粘住种子，影响发芽。可采用撒播或点播，撒播每平方米用种子 3～4 克，加一些细沙拌匀后，均匀撒播在畦面上，这种方法简便、快捷，缺点是播种不匀、用种量大、苗大小不一致；在营养钵或育苗盘中点播，费时费力，但用种量少、苗大小均匀，成本降低，一般每亩用种 30～50 克。播种后覆盖过筛细土 0.6～0.8 厘米厚，覆土过厚土壤透气性不好，升温慢，易使种子出芽慢，造成沤籽；覆土过薄，土壤易干燥，水分蒸发快，影响种子出苗。苗出齐后，再覆一层薄土，以防戴帽出土，同时弥补裂缝。

（3）**分苗**　撒播育苗需要进行分苗，即把幼苗按一定株行距栽开，以利幼苗大小一致，减少小苗、弱苗，有利于早熟丰产。一般分苗 10 厘米见方，先浇水再栽苗。水量要适当，水分过多不利缓苗；水分过少，根系吸收少，植株长势弱。分苗时大苗和小苗分开，把弱苗、病苗剔除，便于管理。

（4）**温度管理**　播种后白天温度保持 20～25℃、夜间 10℃左右，苗出齐后白天温度保持 15℃、夜间 5℃，并注意及时通风，以防高脚苗。草苫要早揭晚盖，通风口不能过大，避免忽大忽小，以免闪苗。分苗后及时升温，白天温度保持 20～25℃、夜间 10℃。缓苗后及时通风，白天温度保持 15～20℃、夜间 5℃。定植前 10 天左右浇大水切块，并进行低温炼苗。在育苗时，所有农事活动如浇水、分苗、播种均应在晴天无风的上午进行。

（5）**壮苗标准**　经过低温锻炼的结球甘蓝壮苗标准：温室苗龄 40～50 天，冷床苗龄 70～80 天，6～7 片真叶，茎粗 0.6 厘米以下，叶片厚、蜡粉多、深绿色，节间短，根系发达，顶芽未进行花芽分化，无病虫害。

4. 定植　整理前茬，避免与十字花科蔬菜连作。中等肥力条件下，每亩施腐熟有机肥 4 000～5 000 千克、三元复合肥 25～30 千克，深翻 20～25 厘米，使肥土混匀。然后做高畦，畦宽 60 厘米、高 10～15 厘米，畦间距 20 厘米，每畦两侧铺设 2 条滴灌带，然后覆盖地膜。选择晴天上午，在高畦上按株行距 40 厘米×35 厘米定植，定植穴位于滴灌孔附近，用滴灌浇透定植水，以利于缓苗。

5. 定植后管理　定植到缓苗，温度可适当高些，白天温度保持 25℃左右、夜间 10℃以上；缓苗后，白天温度保持 20～25℃、夜间 8℃以上；莲座期和结球期白天温度保持 15～20℃、夜间 8℃以上，以利于叶球抱合。当棚内气温达到 25℃时，及时通风降温，根据天气情况，每天中午通风 2～3 小时。

6. 水肥一体化管理

（1）**定植期**　定植后及时灌水，每亩用水量 15 米^3。

（2）**缓苗期**　定植后 4～5 天浇缓苗水，每亩用水量 11～12 米^3，缓苗后蹲苗。

（3）**莲座期**　莲座期新叶开始抱合时，立即结束蹲苗，浇水施肥促进结球，每亩用水量 12～13 米^3、追施尿素 6.5 千克。此后保持根际周围土壤湿润，若干旱可浇水 1 次。

（4）**结球期**　进入结球期植株本身需水量加大，加上后期通风揭膜水分蒸发，因此应增加浇水次数和浇水量。一般根据土壤情况间隔 10 天浇水 1 次，每亩浇水量 12～13 米^3，结球前期结合浇水每亩施尿素 3.5 千克、硫酸钾 2 千克。叶球紧实后，收获前 7～10 天停止灌溉，以防叶球旺长开裂。

7. 主要病虫害防治　设施栽培甘蓝的病害主要有霜霉病、黑腐病等，害虫主要有蚜虫和菜青虫。

（1）**霜霉病**　发病初期可用 25% 甲霜·锰锌可湿性粉剂或 25% 甲霜灵可湿性粉剂 600 倍液，或 75% 百菌清可湿性粉剂或 65% 代森锌可湿性粉剂 600 倍液喷雾防治，每 7～10 天喷 1 次，连喷 2～3 次。

（2）**黑腐病**　发病初期用 14% 络氨铜水剂 600 倍液，或 72% 硫酸链霉素可溶性粉剂 4 000 倍液喷雾防治，每 7～10 天喷

1次，连喷2～3次。

（3）**蚜虫**　可利用黄板诱蚜或用银灰膜避蚜。在蚜虫始盛期用10%吡虫啉可湿性粉剂2 000～3 000倍液，或用50%抗蚜威可湿性粉剂2 000～3 000倍液，或3%啶虫脒乳油1 500～2 000倍液，或0.3%印楝素乳油1 000～1 500倍液喷施防治。

（4）**菜青虫**　用苏云金杆菌500～1 000倍液，或用20%氰戊菊酯乳油2 000～3 000倍液喷雾防治。

8. 收获　根据甘蓝生长情况和市场需求，在叶球大小定型、紧实度达到80%时即可采收。采收时宜保留适量外叶，以保护叶球不受污染或损伤。

二、设施莴苣水肥一体化栽培

（一）莴苣的需水特性

莴苣为菊科莴苣属，1～2年生草本植物，分为叶用和茎用两类。叶用莴苣又称春菜、生菜。叶用莴苣叶片多，叶面积较大，蒸腾量也大，消耗水分较多，需水分较多。莴苣生育期65天左右，每亩需水量为215米^{3}左右，平均每天需水量为3.3米^3。叶用莴苣在不同生育期对水分有不同的需求，种子发芽出土时需要保持苗床土壤湿润，以利于种子发芽出土；幼苗期适当控制浇水，土壤保持见干见湿，土壤水分过多幼苗易徒长，土壤水分缺乏幼苗易老化；发棵期要适当蹲苗，促使根系生长；结球期要供应充足的水分，缺水易造成结球松散或不结球，同时造成植株体内莴苣素增多，产品苦味加重；结球后期浇水不能太多，防止发生裂球，并导致软腐病和菌核病的发生。

（二）莴苣的需肥特性

莴苣根系吸收能力较弱，对氧气需求量高，沙土或黏土栽培对根系生长发育不良。因此，生产中应该选择有机质含量较高、通透性较好的壤土或沙壤土栽培。莴苣喜欢微酸性土壤，适宜的土壤pH值为6左右，pH值大于7或小于5均不利于莴苣生长发育。

叶用莴苣生长期短，食用部分是叶片，对氮的需求量较大，整个生育期要求有充足的氮素供应，同时要配合施用磷、钾肥，结球期应充分供给钾素。莴苣生长初期，生长量和需肥量均较少，随着生长量的增加需肥量也逐渐增加，特别是结球期需肥量迅速增加。莴苣在整个生育期对钾需求量最高，氮次之，磷最少。每生产1 000千克叶用莴苣，需氮2.5千克、磷1.2千克、钾4.5千克、钙0.66千克、镁0.3千克。

叶用莴苣在幼苗期缺氮，会抑制叶片分化，使叶片数量减少；在莲座期和结球期缺氮，对其产量影响最大。幼苗期缺磷，不但叶片数量少，而且植株矮小，产量降低。缺钾影响叶用莴苣结球，叶球松散，叶片轻，品质下降，产量降低。叶用莴苣还需要钙、镁、硼等中量与微量元素，缺钙常造成心叶边缘干枯，俗称干烧心，并导致叶球腐烂。缺镁导致叶片失绿。生产中中微量元素可以通过叶面施肥补充，一般可在叶用莴苣莲座期补施，后期喷施效果较差。

（三）日光温室莴苣水肥一体化栽培技术

1. 品种选择　日光温室秋冬茬结球莴苣宜选用优质、抗病、适应性强的"五湖"结球生菜、大湖659、圣利纳、美国PS等品种。

2. 茬口安排　华北地区日光温室结球莴苣一般选择秋冬茬栽培，多采用育苗移栽，苗龄30～35天，定植后60～65天即可收获。9月中下旬播种育苗，10月下旬定植，翌年元旦前后供应市场。

3. 播种育苗

（1）**苗床准备**　苗床土壤宜选择保水、保肥性能好的肥沃沙壤土，深翻后充分暴晒。每 10 米^{2}苗床施优质腐熟农家肥 10～15 千克、硫酸铵 0.3 千克、过磷酸钙 0.5 千克、氯化钾 0.2 千克，各种肥料与土壤充分混匀，整平床面备播。

（2）**浸种催芽**　将种子用纱布包裹，置于 20℃清水中浸种 3 小时，取出后置于 15～20℃条件下催芽，2～3 天露出白色芽点后即可播种。

（3）**播种**　多采用撒播法，每亩温室需育苗畦 50 米^2，用种量 30 克。为使播种均匀，播种时种子中可拌入适量细土粒，播后覆土厚 0.5～1 厘米。低温季节可在苗床上覆盖地膜，以提温保湿。播种后苗床温度保持 20～25℃，出苗后白天温度保持 18～20℃、夜间 8～10℃，幼苗长至 4 叶 1 心时即可定植。

4. 定植　定植前结合整地每亩施腐熟有机肥 4 000 千克、三元复合肥 30～40 千克，深翻 25 厘米。做畦，畦宽 1 米左右，多采用平畦栽培，栽培密度依品种而定，一般株行距为 30 厘米×40 厘米。早熟品种，植株开展度小，可适当密植，株行距以 30 厘米×30 厘米左右为宜；中晚熟品种植株开展度较大，株行距以 35 厘米×40 厘米为宜。带土坨定植，定植深度以土坨与地面平齐为宜，栽后及时浇水，促使迅速缓苗。

5. 定植后环境管理　缓苗期，加强保温，密闭棚室不通风，白天温度保持 20～25℃、夜间 10℃以上，10 厘米地温保持 15℃以上；莲座初期，适当控水，加大通风，白天温度保持 15～18℃、夜间 10～15℃；结球前期，加大肥水管理，及时中耕除草，发现干旱及时浇水，保持土壤水分均衡，否则易裂球影响品质；结球后期，加大通风，保持土壤湿润，发现干旱及时浇水，防止裂球。

6. 水肥一体化管理　根据结球莴苣需肥特性及目标产量（每亩产量 1 500～2 000 千克），制定配套施肥方案（表 7-1）。追肥以滴灌施肥为主，肥料应先在容器中溶解再放入施肥罐。

表 7-1　日光温室秋冬茬结球莴苣滴灌施肥方案

生育时期	灌溉次数	灌水定额（米³/亩·次）	每次灌溉加入的纯养分量（千克/亩）			备注
			氮（N）	磷（P₂O₅）	钾（K₂O）	
定植前	1	20	3	3	3	沟灌
定植至发棵	1	8	1	0.5	0.8	滴灌
发棵至结球	2	10	1	0.3	1	滴灌
结球至收获	3	8	1.2	0	2	滴灌
合计	7	72	9.6	4.1	11.8	

（1）**定植至发棵期**　滴灌施肥 1 次，用水量为 8 米³/亩，施尿素 2.2 千克/亩、磷酸二氢钾 1 千克/亩、硫酸钾 0.9 千克/亩。

（2）**发棵至结球期**　滴灌施肥 2 次，每次施尿素 2.2 千克/亩、磷酸二氢钾 0.6 千克/亩、硫酸钾 1.7 千克/亩，用水量为 10 米³/亩左右。

（3）**结球至收获期**　滴灌施肥 3 次，每次施尿素 2.6 千克/亩、硫酸钾 4.0 千克/亩，用水量为 8 米³/亩左右。结球后期应减少浇水量，防止裂球。同时，叶面喷施钼肥和硼肥。

7. 主要病虫害防治　结球莴苣病害主要有软腐病、霜霉病、菌核病和灰霉病等，害虫主要有蚜虫、地老虎等。

（1）**软腐病**　发病初期可用 72% 硫酸链霉素可溶性粉剂 200～250 毫克/千克溶液喷雾防治，每 7～10 天喷 1 次，连喷 2～3 次。

（2）**霜霉病**　发病初期可用 25% 甲霜·锰锌可湿性粉剂或 25% 甲霜灵可湿性粉剂 600 倍液，或 75% 百菌清可湿性粉剂或 65% 代森锌可湿性粉剂 600 倍液喷雾防治，每 7～10 天喷 1 次，连喷 2～3 次。

（3）**菌核病**　发病初期可用 50% 多菌灵可湿性粉剂 600 倍液，或 50% 腐霉利可湿性粉剂或 40% 菌核净可湿性粉剂 1 000～

1 500 倍液喷雾防治，每 7～10 天喷 1 次，连喷 2～3 次。

（4）**灰霉病**　发病初期可用 50% 腐霉利可湿性粉剂 1 000～1 500 倍液，或 50% 硫菌灵可湿性粉剂，或 50% 多菌灵可湿性粉剂 500～600 倍液喷雾防治，每 7～10 天喷 1 次，连喷 2～3 次。

（5）**蚜虫**　可用 10% 吡虫啉可湿性粉剂 1 500 倍液喷雾防治。

8. 采收　结球莴苣在定植后 50 天左右，叶球充分膨大、包合紧实时应及时采收。采收时应轻拿轻放，避免挤压或揉伤叶片。

三、设施芹菜水肥一体化栽培

（一）芹菜的需水特性

芹菜为浅根系蔬菜，吸水能力弱，耐涝性较强。芹菜叶面积较小，但由于栽植密度较大，叶片蒸腾面积也较大，对水分要求严格，全生育期要求充足的水分条件。芹菜不同生育期需水量不同，土壤水分在 10% 以下时种子发芽率为零，因此播种后床土保持温润有利幼苗出土。定植后多叶生长期，需要缓苗和蹲苗，需水较少；立心期，出现嫩绿心叶，养分和水分供应由多叶向心叶转移，需水量较大；心叶生长旺盛期，大量心叶不断抽出，耗水量加大。生产中要根据土壤和天气情况适时灌水，保持充足的土壤水分条件，促进叶片同化作用和根系发育，保证叶面积增大及叶数增多，使植株更高大。如果缺水，芹菜叶柄中厚壁组织加厚、纤维素增多，甚至叶柄空心、老化，产量和品质均下降。

（二）芹菜的需肥特性

芹菜根系主要分布在 7～10 厘米土层中，横向分布直径可达到 30 厘米，根系分布面积大，但根系吸收能力较弱，对土壤水分和养分要求比较严格。芹菜喜有机质丰富、保水保肥力强的壤土或黏壤土，沙土或沙壤土的保水保肥能力较差，易缺肥水而使叶柄发生空心。芹菜适宜的土壤 pH 值为 6～7.6，幼苗不耐碱，成株耐碱性比较强，稍逊于菠菜。

芹菜生长需要氮、磷、钾等营养元素，氮对芹菜产量影响最大，其次为钾和磷。一般每生产 1 000 千克芹菜，需吸收氮 2 千克、磷 0.93 千克、钾 3.88 千克。氮是保证芹菜叶片良好生长的最基本营养素，氮素不足，叶数分化少，叶片生长差；当土壤含氮浓度达到 0.02% 时，叶生长发育最好，高于此浓度则立心期晚，叶柄细长而软弱，叶片变宽，植株易倒伏。芹菜苗期生长磷素不能缺少，磷对芹菜第一叶节的伸长有显著作用，而第一叶节是主要食用部位，缺磷会导致第一叶节变短；磷素过多，叶易伸长，呈细长状态，而且叶轻、维管束增粗，筋多老化，降低品质；一般土壤中含磷以 0.015% 较为合适。钾素对芹菜后期生长极为重要，钾能促进养分的运输，使叶柄储存更多的养分，控制叶柄无限度伸长，促使叶柄粗壮而充实，同时钾还可使叶片、叶柄有明显的光泽，提高产品质量；芹菜生长后期心叶肥大后，土壤含钾浓度提高到 0.012% 较适宜。芹菜对硼、钙较为敏感，土壤缺硼时，芹菜叶柄上出现褐色裂纹，且下部产生劈裂、横裂和株裂等；钙不足时，易发生心腐病，导致芹菜心叶幼嫩组织变褐、干边，严重时枯死。

（三）设施芹菜水肥一体化栽培技术

1. 品种选择　西芹宜选用植株较大、叶柄肥厚、生长势强、抗逆性好、纤维少、品质佳的品种，如文图拉、意大利冬芹、美国西芹、胜利西芹等。本芹为我国栽培类型，植株稍小，叶柄细长，但香味浓厚，宜选用津南实芹、开封玻璃脆、白庙芹菜、潍坊青苗芹菜等品种。

2. 茬口安排　华北地区大棚春季栽培，一般 12 月中下旬播种育苗，翌年 2 月中下旬定植，3 月下旬至 4 月下旬收获；大棚秋延后栽培，6 月下播种，8 月下旬至 9 月上旬定植，10 月底至

11月上旬收获；日光温室秋冬茬栽培，7月下旬至8月上旬播种，9月下旬至10月上旬定植，12月底至翌年2月上旬收获；日光温室冬春茬栽培，9月上旬播种，11月上旬定植，翌年3～4月份收获。山东等地以秋冬茬芹菜栽培为主。

3. 育苗技术

（1）**苗床准备** 选择2年以上未种过伞形科蔬菜的沙壤上建苗床。每平方米苗床施腐熟有机肥10千克、三元复合肥100克、多菌灵50克，精细整地做平畦待播，畦宽1～1.2米。

（2）**种子处理** 芹菜喜冷凉，气温高于25℃，种子难以发芽，15～20℃条件下可顺利萌芽，因此夏季播种一定要对种子进行低温处理。可先选用10%盐水选种，再用48℃热水浸种30分钟，然后用常温清水浸泡12～24小时。捞起后用手反复搓揉，搓破蜡质外皮，置于15～20℃条件下催芽，每天洒水保湿并翻动2次，经7～8天有50%种子露白即可播种。

（3）**播种** 选阴天早上或下午5时以后播种，每栽植1亩芹菜需优质种子80～100克、需苗床30～50米^2。播种前畦内浇足水，待水渗下后将处理好的种子和细沙混匀，均匀撒播在床面，然后覆过筛细土0.5～1厘米厚。播种后在苗床上搭拱棚，覆盖遮阳网遮阴，防止强光暴晒和暴雨冲打，这样既有利于出苗，又能防止幼苗徒长。

（4）**苗期管理** 芹菜生长适温为15～20℃，苗期管理要注意降温、遮阴、保湿、防雨打。播种后苗床表土要始终保持湿润，播后7～8天种子顶土时，轻洒1次水，使幼苗顺利出土，8～10天即可齐苗。齐苗后先间去并生苗、过稠苗，2片叶时第二次间苗，苗距1～1.5厘米；4片叶时第三次间苗，苗距3～5厘米。每次间苗后可浇1次小水压根。幼苗3～4片叶时随水追施1次速效氮肥，每亩苗床可追施尿素1～1.5千克，以后视情况施肥。夏季高温要注意叶面喷施钙肥，防止心腐病发生。芹菜出苗慢，生长也慢，与杂草竞争力很弱，要注意及时拔除杂草或合理使用除草剂除草。

（5）**壮苗标准**　健壮芹菜苗的苗龄为 45～60 天，5～6 片真叶，苗高 10 厘米左右，叶柄短粗、开展度大，叶片比较小，主根深，须根多，无病虫害。这样的秧苗定植后缓苗快，产量高。

4. 定　植

（1）**整地施基肥**　每亩施优质腐熟有机肥 5 000 千克、磷肥 50～100 千克，均匀撒施，深翻 25～30 厘米，充分晒垡后细耕整平，做成 1～1.2 米宽的南北向平畦，每畦均匀铺设 3 条滴灌带，选阴天或多云天气定植。

（2）**定植方法与密度**　起苗前苗床浇透水，起苗时宜留根 4～6 厘米长，按大小苗分级定植。栽植深度以"浅不露根，深不淤心"为度，栽植过深或过浅，芹菜均易出现缓苗慢、成活率低、成活后生长缓慢等现象。单株定植，株行距依品种而定，一般本芹为 12 厘米×15 厘米，每亩栽 2.8 万～3.3 万株，适当密植；西芹大苗 20 厘米×30 厘米，中等苗 20 厘米×25 厘米，小苗 20 厘米×20 厘米，每亩栽 1 万～1.5 万株，确保稀植大棵，以达到优质高效的目的。定植后用滴灌浇透定植水，以利于缓苗。

5. 定植后管理　芹菜喜冷凉，最适宜温度为 11～20℃，缓苗期白天温度保持 16～25℃、夜间 15～22℃，生长期白天温度保持 18～22℃、夜间 12～15℃。定植初期，由于外界气温尚高可不覆棚膜，霜冻前覆盖棚膜，但要注意通风，白天温度保持 18～20℃，超过 25℃时通风。12 月份后外界气温变冷，可适当早盖苫，以提高室内温度，超过 30℃时通风，白天温度保持 20℃左右、夜间 5～10℃。

6. 水肥一体化管理

（1）**定植期**　定植后及时灌水，每亩用水量 20 米^3。

（2）**缓苗期**　定植后 4～5 天浇缓苗水，每亩用水量 12～15 米^3。缓苗后心叶变绿、新根生出时，进行 7～10 天的蹲苗，中耕松土保墒，促进根系发育。

（3）**立心期**　蹲苗结束后，出现嫩绿心叶，养分和水分供应由多叶向心叶转移，每隔5～7天灌水1次，至少需要灌水3次，滴灌施肥2次，每次每亩滴灌施肥量为硫酸铵5～6千克，用水量为12～16米^3/亩。

（4）**心叶生长旺盛期**　此期大量心叶不断抽出，耗水量加大，需水频率增加，每隔5～6天灌水1次，至少灌水5次，滴灌施肥2～3次，每次每亩滴灌施硫酸铵10千克、硫酸钾5千克，用水量为10～12米^3/亩。

7. 主要病虫害防治　设施栽培芹菜的主要病害有叶斑病、斑枯病、病毒病、茎裂病等，主要害虫有蚜虫和斑潜蝇等。

（1）**叶斑病**　又称早疫病。发病初期可用75%百菌清可湿性粉剂600倍液，或50%多菌灵可湿性粉剂800倍液，或77%氢氧化铜可湿性粉剂500倍液，或14%络氨铜水剂300倍液喷雾防治，每7天喷1次，连喷2～3次。

（2）**斑枯病**　又称晚疫病。发病初期可用70%代森锰锌可湿性粉剂500倍液，或50%多菌灵可湿性粉剂800倍液，或40%硫黄·多菌灵悬浮剂500倍液，或64%噁霜·锰锌可湿性粉剂500倍液喷雾防治，每7～10天喷1次，连喷2～3次。

（3）**病毒病**　主要采取防蚜、避蚜措施进行防治；其次是加强肥水管理，提高植株抗病力，以减轻危害。

（4）**茎裂病**　缺硼或突发性高温多湿，植株吸水过多、组织快速充水而引发的生理病害，主要通过增施硼肥和均匀浇水来控制发生。

（5）**蚜虫**　可用黄板诱蚜或用银灰膜避蚜。在蚜虫始盛期可用10%吡虫啉可湿性粉剂2 000～3 000倍液，或50%抗蚜威可湿性粉剂2 000～3 000倍液，或3%啶虫脒乳油1 500～2 000倍液，或0.3%印楝素乳油1 000～1 500倍液喷施防治。

（6）**斑潜蝇**　在危害初期用10%联苯菊酯乳油4 000～8 000倍液，或1.8%阿维菌素乳油3 000～4 000倍液，或20%氰戊菊酯乳油 1 500～2 500 倍液，或 0.3% 印楝素乳油 1 000～1 500 倍液喷施防治。

8. 采收　本芹可在叶柄高 50～60 厘米时开始分次掰收，一般每隔 1 个月掰收 1 次，每次收获 1～3 片叶柄，留 2～3 片叶柄。如果一次摘掉的叶柄太多，则复原慢，影响生长。整个生育期可采收 3～5 次，最后 1 次全部采收，采收期达 100 天左右。西芹一般在植株高 70 厘米左右、单株重 1 千克以上时一次性收获，西芹不可收获过晚，否则养分易向根部输送，使产量降低、品质下降。

第八章
其他蔬菜水肥一体化栽培技术

一、设施草莓水肥一体化栽培

（一）草莓的需水特性

草莓既不抗旱也不耐涝，全生育期需水量大，正如俗话所说"草莓靠水收"。所以，草莓栽培必须选择旱能浇、涝能排的地块，以保持土壤既有充足的水分，又有良好的透气性。草莓不同生长发育期对水分的要求不同，一般花芽分化期土壤相对含水量以60%为宜，开花期以70%为宜，果实膨大及成熟期以80%为宜。长时间田间积水，严重影响根系和植株的生长，抗病性降低，严重时会引起叶片变黄和脱落。

草莓对空气湿度要求较高。设施栽培条件下，开花前空气相对湿度宜保持70%～80%，湿度小易造成叶片抽干，所以生产中应在空气干燥时用喷壶往植株上喷水；开花期湿度过大影响受精，容易产生畸形果，空气相对湿度以60%为好，不要超过80%，可以通过通风调节温度和湿度。安装滴灌设备可以明显降低空气湿度而增加土壤湿度并提高地温，对草莓授粉受精、生长发育十分有利。

（二）草莓的需肥特性

草莓根系入土浅，多分布在20厘米浅层土壤中。草莓对土壤的适应性较强，旱能灌溉、涝能排水的肥沃、疏松、透气性强的土壤条件下易获得高产。沙壤土可促进草莓早发育，其前期产量较高，但土壤易干旱，结果期较短；在沼泽地、盐碱地、重黏性土壤上栽草莓，植株生长慢，结果期较迟，产量低。草莓生长适宜的土壤 pH 值为 5.5～6，pH 值 7 以上常出现叶片黄化。

　　草莓全生育期对氮、磷、钾、钙、镁各营养元素的吸收量顺序为钾＞氮＞钙＞镁＞磷，每生产 1 000 千克草莓果实，需吸收氮 6～10 千克、磷 2.5～4 千克、钾 5～10 千克。氮肥过多，植株徒长，抗逆性下降，营养生长与生殖生长失衡，花芽分化时间推迟并分化不充分。花果期氮肥偏多，果实畸形，裂果增多，果面着色晚，含糖量下降，硬度变软，贮存时间变短。磷主要是促进根系发育，磷过量会降低草莓的光泽度。采收旺期，钾的吸收量最多，缺钾时草莓果实颜色浅、味道差。草莓对微量元素比较敏感，尤其是铁、镁、硼、锌、锰、铜等缺少时，均会产生相应的生理病害，影响正常生长。硅肥能很好地调节草莓对氮、磷、钾等不同营养的平衡吸收，活化土壤中的磷，促进根系对磷的吸收，提高磷肥的利用率，并强化草莓对钙、镁的吸收和利用，抑制对铁、锰的过量吸收和毒害。在提高草莓品质方面，追施钾肥和氮肥比追施磷肥效果好。因此，生产中追肥应以氮、钾肥为主，磷肥应作基肥施用。

（三）设施草莓水肥一体化栽培技术

　　1. 品种选择　设施栽培草莓，应选择具有品质优、休眠浅、花芽形成早、生长势强、对低温要求不严格、成熟期早、抗病性及市场价值高、连续结果能力强、产量高等特点的品种，如章姬（甜宝）、红颊、雪里香、妙香、星都 2 号、丰香等。

　　2. 茬口安排　华北地区日光温室或大棚栽培草莓一般在 8 月底至 9 月初定植，翌年 1 月中旬至 5 月底采收。

3. 育苗技术

（1）**繁殖幼苗**　草莓最常用的繁殖方法是匍匐茎繁殖法。可选择背风向阳、疏松肥沃、排灌水方便的地块作为繁殖地。每3行疏除2行只留1行，选取健壮无毒植株并摘掉下部老叶和枯叶，加大株行距繁殖幼苗。同时，进行除草、整地与松土，对于新长出的匍匐茎，应及时进行整理，确保其基部埋在土中，待幼苗长出3～4片叶时便可进行移植。

（2）**育苗管理**　及时摘除早春母株抽生的全部花序，以节省养分，促进匍匐茎的发生和幼苗生长。母株抽生匍匐茎时要及时把茎蔓理顺，使其均匀分布，并及时压土。为了促进生根，待抽生幼叶时可通过细土压蔓的方式将前端压向地面，使生长点尽量外露，以实现生根目的。匍匐茎苗布满床面时要去掉多余的匍匐茎，一般每株母株保留60～70个匍匐茎苗。草莓是浅根系作物，生产中应注意灌水和排水，保持土壤湿润，并适时追肥，以确保草莓生长所需的水分和养分，一般视生长情况追施0.2%尿素或三元复合肥2～3次。此外，应加强对病虫草害的防治。

4. 定　植

（1）**土壤消毒**　北方宜在7月份对设施栽培草莓进行土壤消毒，建议每亩施石灰氮30～40千克，并结合施腐熟有机肥3～5米^3，撒施后翻耕20厘米，浇透水后高温闷棚30天左右。

（2）**整地做畦**　8月底，每亩撒施腐熟饼肥150～200千克作基肥，根据土壤肥力适当施少量三元复合肥。施肥后翻耕、耙平，做高畦，畦宽40～50厘米、高20～25厘米，畦沟宽30～40厘米。每畦铺设2条滴灌管（带），滴头朝上，滴头间距15～20厘米。

（3）**定植时期**　一般在8月中旬至9月中旬，最晚不超过9月下旬定植。尽量选择阴雨天或傍晚进行移栽，避开炎热的晴天中午定植，以防灼苗。栽植前可摘除部分叶片，以减少叶面蒸发。

（4）**定植密度** 每畦栽 2 行，株距 17～20 厘米，每亩种植 10 000～11 000 株为宜。

（5）**定植方法** 移苗时尽量带土，定向栽植，确保苗根部舒展。栽苗时根系稍向内侧、弓背向垄边，有利于果实均匀着生在畦垄的两坡，也利于果实着色与采收。定植时应当遵循"深不埋心、浅不露根"的原则，基本保持垄面与苗心基部平齐为宜，定植后适当覆土压实，用滴灌浇透定植水，以利于缓苗。

5. 定植后管理

（1）**查苗与补苗** 定植后及时进行查苗补苗，并适时摘除病叶、老叶，通常以每株保留 5～6 片新叶为宜，以确保植株处于良好的生长状态。

（2）**地膜覆盖** 在草莓现蕾期，将黑色地膜覆盖在植株上，在苗株处撕开小孔将叶片小心掏出，此操作务必确保中心叶片露出地膜，以便植株后续正常生长。铺设黑色地膜不仅可以抑制棚内杂草滋生，保持土壤水分，还有利于控制棚内温度。此外，地膜还能够将草莓果实与土壤隔绝，降低病虫害发生概率，有助于提升草莓果实的品质。

（3）**温湿度管理** 草莓生长的最佳温度为 20～28℃，温度低于 5℃或高于 36℃，将严重影响草莓生长发芽。白天外界气温低于 15℃时，应及时扣棚，一般以白天温度保持 25～29℃、夜间 8～12℃为宜。冬季可通过覆盖草苫进行保暖，草苫尽量早揭晚盖，以提升棚内温度。开花前空气相对湿度控制在 80% 以下，进入果实膨大期空气相对湿度以 60% 较为适宜，应适时进行通风换气，以免由于温度和湿度过高而引起病害发生。翌年 4 月份气温明显回升后，拆除温室大棚下部的围膜，以降温降湿。

（4）**植株管理** 待草莓生长加速后，及时将分蘖、匍匐茎以及老叶、衰叶、病叶摘除，每株保留 1～2 个较健壮的分蘖。同时，要适当疏花、疏蕾，做到去高留低、去弱留强。

（5）**辅助授粉** 草莓属于自花授粉植物，但由于棚内空间较为封闭，缺乏昆虫传粉，易出现因授粉不充分而导致的畸形果。为此，可通过放养蜜蜂的方式进行辅助授粉，在草莓开花期，每个大棚放养 1 箱蜜蜂，以提高坐果率，减少畸形果。建议花期不喷洒药剂。此外，还可以通过人工点授方式进行辅助授粉，即用毛笔蘸上授粉品种的花粉进行点授，注意不要碰伤柱头。

6. 水肥一体化管理

（1）**滴灌浇水**　草莓定植后及时灌水，每亩灌水 $10\sim25$ 米^3；缓苗期视天气情况滴灌 $5\sim7$ 次，每次每亩灌水 $2\sim3$ 米^3；缓苗后至开花期每 $3\sim10$ 天滴灌 1 次，每次每亩灌水 $2\sim3$ 米^3；结果期每 $3\sim8$ 天滴灌 1 次，每次每亩灌水 $2\sim3$ 米^3；拉秧前 $10\sim15$ 天停止灌水。生产中可根据天气和土壤情况调整灌水方案。由于栽培介质不同，根系的分布深度也不同，湿润深度以 $15\sim25$ 厘米为宜。

（2）**追肥**　草莓坐果前一般不追肥，若定植裸根苗，可以在定植后 30 天左右、2 叶 1 心时进行第一次追肥，每亩滴灌施大量元素水溶性肥料（N-P_2O_5-K_2O=22-8-22）2.5 千克；第一茬果坐住后，每次每亩滴灌施大量元素水溶性肥料（N-P_2O_5-K_2O=18-8-26）$2.5\sim3.5$ 千克，每 7 天追施 1 次，若阴天应顺延；果实变白转色期，每次每亩滴灌施大量元素水溶性肥料（N-P_2O_5-K_2O=16-6-32）$2.5\sim3.5$ 千克，每 7 天追施 1 次，以提高果实甜度；第二至第四茬花、膨大果、成熟果同时存在期，将 N-P_2O_5-K_2O=22-8-22、N-P_2O_5-K_2O=18-8-26、N-P_2O_5-K_2O=16-6-32 这 3 种配方大量元素水溶肥交替施用，每次每亩滴灌施 3 千克。一般大量元素水溶性肥料浓度控制在 $800\sim1000$ 倍，即每亩施 3 千克肥、灌水 3 米^3，冬季温度低时肥料浓度控制在 800 倍，2 月份后温度高时肥料浓度低些。

7. 主要病虫害防治　设施草莓主要病害有白粉病、灰霉病、叶斑病等，主要害虫有蚜虫、白粉虱等。

（1）**白粉病**　发病初期用 25% 三唑酮可湿性粉剂 $2500\sim$

3 000 倍液，或 40% 氟硅唑乳油 8 000～10 000 倍液，或 15% 嘧菌酯悬浮剂 2 000～3 000 倍液，或 10% 噁醚唑水分散粒剂 3 000倍液＋75% 百菌清可湿性粉剂 600 倍液喷雾防治，每隔 7～15天喷 1 次，连喷 2～3 次。

（2）**灰霉病**　用 25% 抑菌灵可湿性粉剂 600 倍液，或等量式波尔多液 200 倍液于现蕾至开花期喷雾预防；发病初期用 50% 腐霉利可湿性粉剂 1 500～2 000 倍液，或 40% 嘧霉胺可湿性粉剂 800～1 200 倍液喷雾防治。

（3）**叶斑病**　发病初期用 70% 百菌清可湿性粉剂 500～700倍液，或 20% 硅唑·咪鲜胺乳油 1 000 倍液，或 38% 噁霜·嘧菌酯 800～1 000 倍液喷雾防治。

（4）**蚜虫**　在蚜虫始盛期用 10% 吡虫啉可湿性粉剂 2 000～3 000 倍液，或 3% 啶虫脒乳油 1 500～2 000 倍液，或 1% 苦参碱可溶性液剂 1 000 倍液喷施防治。

（5）**白粉虱**　在危害初期用 10% 联苯菊酯乳油 4 000～8 000倍液，或 1.8% 阿维菌素乳油 3 000～4 000 倍液，或 20% 氰戊菊酯乳油 1 500～2 500 倍液，或 0.3% 印楝素乳油 1 000～1 500 倍液喷施防治。

8. 采收　草莓果实表面着色在 70% 以上便可进行采收。初熟时可 2 天采收 1 次，盛熟期应每天采收 1 次。为了避免腐烂变质，注意不摘露水果和晒热果，建议在清晨或傍晚进行采收。采收时要轻拿、轻摘、轻放，连同果柄一同采下，用指甲掐断果柄即可，不要带梗采收。采收后及时分级盛放并包装。

二、设施胡萝卜水肥一体化栽培

（一）胡萝卜的需水特性

胡萝卜叶面积小，蒸发量少，根系分布广，吸收力强，比较耐旱；但是不耐潮湿，怕积水。胡萝卜肉质根膨大期需水量最多，适宜的土壤相对湿度为60%～80%，若供水不足，则肉质根细小、粗糙，外形不良，肉质粗硬；若供水不匀，忽干忽湿，则根表面多生瘤状物，裂根增加，影响产量和品质。一般在肉质根采收前10～15天停止浇水，以减少开裂，利于贮运。

（二）胡萝卜的需肥特性

胡萝卜喜土层深厚、土质疏松、排水良好、孔隙度高的沙壤土和壤土。在透气不良的黏重土壤中，肉质根颜色淡，须根多，易生瘤，品质低劣；在低洼排水不良的土壤中，肉质根易破裂，常引起腐烂，叉根增多。胡萝卜对土壤酸碱度的适应范围较广，适宜的土壤pH值为5～8，pH值低于5生长不良。

胡萝卜根系发达，侧根多，肉质根入土深达20～30厘米，耐旱性强，吸肥水能力也很强。胡萝卜需钾最多，氮、钙次之，磷、镁最少。幼苗期对各元素吸收量极少，随着叶面积逐渐增加和肉质根的快速生长，各元素吸收量急剧增多。但镁的吸收量变化不大，钾的吸收量变化最大，呈直线上升趋势。一般每生产1000千克胡萝卜，需吸收氮4.1～4.5千克、磷1.7～1.9千克、钾10.3～10.4千克、钙3.8～5.9千克、镁0.5～0.8千克。

氮能促进枝叶生长，合成更多养分。缺氮时叶片生长缓慢，严重缺乏时，叶片中脉先发黄，逐渐扩展到全叶，继而植株凋萎而影响产量。氮素过量，引起土壤中不溶性钾含量高而导致体内硝态氮积累。胡萝卜对氮的需求以前期为主，播种后30～50天应适量追施氮肥，此期缺氮，根的直径明显减小，肉质根膨大不良。不同形态的氮对胡萝卜生长影响很大，单施硝态氮或硝态氮与铵态氮混合施用，比单施铵态氮生长发育好。单施铵态氮容易产生叶片黄化、生长停滞等现象，肉质根膨大不好，畸形根增加。磷有利于养分运转，提高品质，对胡萝卜的初期生长发育影响很大，但对以后肉质根膨大作用较小，故磷肥宜作基肥。胡萝卜对磷的吸收量较少，仅为氮吸收量的40%，土壤有效磷含量大于200毫克/千克时施磷肥，不仅没有增产效果，甚至会造成减产。对于磷吸收固定比较多的石灰性土壤，施用适量的磷肥作基肥，有利于胡萝卜早期生长和后期根系膨大。钾对肉质根的影响最大，胡萝卜前期生长缓慢，吸收养分很少；后期肉质根迅速膨大，吸收养分急剧增加。钾肥过量，会降低含糖量，土壤中可代换性钾含量低于150毫克/千克时，需要施钾肥，尤其是在肉质根膨大期更需要追施钾肥。胡萝卜对钙的吸收较多，缺钙易引起肉质根的空心病，而钙过量会使含糖量和胡萝卜素含量降低。虽然胡萝卜对镁元素的吸收量不多，但镁含量充足可充分保证胡萝卜的含糖量和胡萝卜素含量，品质更佳。胡萝卜生长还需要钼和硼，缺钼生长不良，植株矮小；缺硼，肉质根根尖变黄且小，表皮粗糙，根中心颜色发白。胡萝卜对硼的耐受程度较高，也很敏感，特别是在保护地栽培中施硼肥增产效果显著。

施肥不合理是导致胡萝卜肉质根分权的原因之一，施肥量太大会使胡萝卜直根顶端枯死，造成分叉；施用未腐熟有机肥也会导致同样的结果。另外，在酸性土壤或干旱时，或施肥太多的碱性土壤，由于钙素吸收受阻，胡萝卜根部表皮会形成圆形的黑色斑点。因此，生产中应注重合理施肥，防止由于施肥不当而产生生理性病害。

（三）设施胡萝卜水肥一体化栽培技术

1. 品种选择　早春栽培胡萝卜，要选择生长期较短、耐寒性较强、春季栽培不易抽薹的品种，如新黑田五寸人参、春秋三红五寸人参、超级红冠、孟德尔系列和世农系列等。

2. 茬口安排　山东等地设施胡萝卜栽培，一般采用跨度5米的大拱棚，播种适期为1月上中旬至2月上旬，收获期一般在5月20日前后。

3. 播前准备

（1）**整地施基肥**　选择地势较高、排水良好、土层深厚、质地较黏重、有机质含量高的沙姜黑土作为胡萝卜种植区。清除田间杂草，土壤深翻40厘米以上，精耕细耙，蓄水保墒。结合整地，每亩施优质腐熟有机肥1000～2000千克、三元复合肥100千克。

（2）**旋耕起垄**　播种前7～10天进行机械旋耕，耕深15～20厘米，耕后细耙，做到上无坷垃、下无卧垡，剔除瓦砾、草根。采用大拱棚双层膜覆盖种植，大拱棚跨度5米，棚高1.4～1.5米。垄间距1米，垄底宽70厘米，垄面宽25～30厘米，垄高25～30厘米，垄沟宽30厘米。大拱棚内设3个小拱棚，小拱棚高0.8～1米，外侧2个小拱棚跨度2米，每棚罩2垄，中间1个小拱棚跨度1米、罩1垄，每个大棚种植5垄胡萝卜。

4. 播　种

（1）**播种方法**　采用起垄双行条播方式播种，该方法播种后间苗容易，田间管理方便，长出的胡萝卜个大且大小均匀，不易分杈。采用播种机播种时，先编成种子带，再用机器播种。种子带一般按"3-3-6"的间距编绳。

（2）**播种量**　采用裸种子时，3厘米播1粒，每亩需种子135～150克；采用丸粒化种子时，5～6厘米播1粒，每亩播种子3.5～4桶（每桶10000粒）。每垄播2行，行距12～15厘米，播后覆土厚1.5～2厘米。

5. 播后管理

（1）**间苗**　播种后保持土壤湿润，创造有利于种子发芽和出苗的条件。苗高5～8厘米时进行间苗，苗距5厘米左右。间苗时动作要轻，最好采用断苗的方法，以防松动土壤造成幼苗根系损伤，引起死苗、杈根，影响胡萝卜产量和品质。间苗的同时进行除草。

（2）**温度管理**　当大拱棚内最高温度达到10℃时，在内膜顶端每隔2～3米打开1个直径为10厘米的通风口；当最高温度达到13℃时，内膜全部揭掉；当最高温度达到15℃时，揭开外膜两侧进行通风，每隔20米打开1个通风口；当最高温度达到20℃时，外膜两侧每隔10米打开1个通风口；当棚内最低温度连续3～5天稳定在6℃时，除外膜侧边两端各留1米外，其余全揭开；当温度低于0℃时，将通风口全部关闭。

6. 水肥一体化管理 胡萝卜前期生长缓慢，需肥量较少；中后期根系快速膨大，需肥量急剧增加。前期追肥以氮肥为主，中后期以钾肥为主，收获前20天内不再施用速效肥料。水肥一体化追肥多选用水溶性肥料。

（1）丸粒化种子滴灌浇水 播种后2～3天进行第一次浇水，每亩浇水4～6米^3。隔5～7天进行第二次浇水，每亩浇水5～7米^3。第二次浇水后到出苗前，每隔6～8天浇1次水，浇水量同第二次。出苗后7～10天浇1次水，每次每亩浇水7～9米^3。

（2）裸种子滴灌浇水 播种后2～3天进行第一次浇水，每亩浇水3～5米^3；隔5～7天进行第二次浇水，每亩浇水4～6米^3。第二次浇水后到出苗前，一般5～6天浇1次水，浇水量同第二次。出苗后一般7～10天浇1次水，每次每亩浇水6～8米^3。

（3）施肥 大拱棚双层膜覆盖栽培一般在小拱棚覆膜后浇水，浇水后20～25天出苗，45天出齐苗。定苗后结合浇水每亩追施高氮水溶肥（N-P$_2$O$_5$-K$_2$O=30-10-10+TE）2.5～5千克。胡萝卜肉质根膨大期，每隔5～7天追肥1次，连续追肥3～4次，结合浇水每次每亩追施高钾水溶肥（N-P$_2$O$_5$-K$_2$O=18-5-35+TE）5～10千克。

7. 主要病虫害防治 设施栽培胡萝卜主要病害有软腐病、黑腐病、根结线虫病等，主要害虫有胡萝卜微管蚜、根蛆等。

（1）软腐病 发病初期用72%硫酸链霉素可溶性粉剂1500倍液，或90%新植霉素可溶性粉剂1000倍液叶面喷雾防治。也可用50%氯溴异氰尿酸可湿性粉剂3000倍液灌根。

（2）**黑腐病**　播种前每亩用30%苯酸·丙环唑可湿性粉剂1.5～2千克结合起垄沟施，或用20%噁霉灵乳油0.5千克于播种后结合第一次浇水滴灌胡萝卜根际。发病初期用50%氯溴异氰尿酸可湿性粉剂2000倍液，或30%苯酸·丙环唑可湿性粉剂2000倍液喷施防治。

（3）**根结线虫病**　利用根结线虫好气性强的特点，深翻土壤25厘米以上。胡萝卜收获后彻底清除残株，并将其集中烧毁。可在夏季对土壤进行高温消毒，方法是在畦面上每亩撒施生石灰粉100千克，翻地并浇1次透水，然后覆盖薄膜，膜下温度高达50℃以上，可有效杀死土壤根结线虫及土传病菌。也可每亩用10%噻唑磷颗粒剂2～3千克混细沙土50千克，结合起垄开沟撒施，或用1.8%阿维菌素乳油2～3千克兑水100～150升，均匀喷洒播种沟进行药剂防治。

（4）**胡萝卜微管蚜**　在蚜虫始盛期用10%吡虫啉可湿性粉剂2000～3000倍液，或3%啶虫脒乳油1500～2000倍液，或1%苦参碱可溶性液剂1000倍液喷施防治。

（5）**根蛆**　根蛆成虫发生期可用2.5%溴氰菊酯乳油3000倍液喷施防治，每隔7天喷1次，连喷2～3次；幼虫发生期可用40.7%毒死蜱乳油1500倍液灌根防治。

8. 采收　胡萝卜肉质根形成主要是在生长后期，越趋成熟其肉质根颜色越深，且粗纤维和淀粉含量逐渐减少，甜味增加，品质柔嫩，营养价值增高。因此，胡萝卜采收不宜过早，宜在肉质根充分肥大成熟后采收，采用5米大拱棚双层膜覆盖种植胡萝卜，收获期一般在5月20日前后。此期肉质根长18～22厘米，单根重150～200克，每亩产量4000～5000千克。生产中可根据市场价格和需求，适当调节采收时间。